职业教育装配式建筑系列教材

装配式建筑施工与管理

主　编　王　茹
副主编　徐锡权　张　巍　李小川
参　编　杨小春　吕　平　赵　冬　梁保真　崔国静
殷颖迪　张小林　王成平　陈　彤　李　程
王　帅　项　栋　冯　峰　张　丹　王　月
周　虹　陈艳君　孙　菲

机械工业出版社

本书为校企双元合作开发的特色教材，以装配式混凝土结构建筑施工过程为主线，在系统介绍装配式建筑基础知识的基础上，结合装配式人才职业技能要求，从预制构件的生产、预制构件的运输与存放、装配式主体施工方法、装配式细部节点的构造与施工，到装配式建筑相关支撑与围护体系、施工过程资料管理与交付，以及安全文明施工等方面详细、系统地介绍了装配式建设项目各阶段的知识、操作技能，并配合大量施工视频、动画、图片，使读者更快、更好地掌握相关技能。

本书可作为高等院校、职业院校土建类专业装配式建筑相关课程的配套教材，也可作为从事装配式建筑工程的管理者、技术人员、生产工人的学习参考资料。

图书在版编目（CIP）数据

装配式建筑施工与管理 / 王茹主编 . —北京：机械工业出版社，2020.9（2024.6 重印）
职业教育装配式建筑系列教材
ISBN 978-7-111-66464-2

Ⅰ . ①装… Ⅱ . ①王… Ⅲ . ①装配式构件－建筑施工－施工管理－职业教育－教材 Ⅳ . ① TU3

中国版本图书馆 CIP 数据核字（2020）第 165989 号

机械工业出版社（北京市百万庄大街 22 号 邮政编码 100037）
策划编辑：常金锋 责任编辑：常金锋
责任校对：张 力 闫玥红 封面设计：鞠 杨
责任印制：单爱军
北京虎彩文化传播有限公司印刷
2024 年 6 月第 1 版第 7 次印刷
210mm × 285mm · 10 印张 · 309 千字
标准书号：ISBN 978-7-111-66464-2
定价：39.80 元

电话服务 网络服务
客服电话：010-88361066 机 工 官 网：www.cmpbook.com
010-88379833 机 工 官 博：weibo.com/cmp1952
010-68326294 金 书 网：www.golden-book.com
封底无防伪标均为盗版 机工教育服务网：www.cmpedu.com

前言 | PREFACE

基于BIM的绿色装配式建筑技术是实现由传统生产方式向现代工业方式转变的重要标志。国家从“调结构、转方式”的战略高度提出大力发展装配式建筑的指导意见，要求坚持标准化设计、工厂化生产、装配化施工、一体化装修、信息化管理、智能化应用，推动建造方式创新，提高技术水平和工程质量。

2017年，住房和城乡建设部印发的《“十三五”装配式建筑行动方案》提出，到2020年，全国装配式建筑占新建建筑的比例达到15%以上，其中重点推进地区要达到20%以上。装配式建筑的规模在逐年扩大，但装配式建筑人才的培养速度却不能满足要求。为了适应新形势下土木工程专业教学和装配式建筑人才培养的要求，机械工业出版社联合西安三好软件技术股份有限公司、西安建筑科技大学、沈阳建筑大学、扬州大学、重庆文理学院、广东建设职业技术学院、日照职业技术学院、贵州交通职业技术学院等企业和院校，合作编写了本套装配式建筑系列教材，具体包括：《装配式建筑概论》《装配式建筑识图》《装配式建筑施工与管理》《装配式混凝土建筑施工技术实训教程》。本系列教材由常年在一线从事装配式建筑科研和实践的教师编写完成，编写人员的专业背景涉及建筑学、结构工程、建筑施工及工程管理，均具有丰富的教学经验。

本书由王茹担任主编，徐锡权、张巍、李小川担任副主编。本书编写队伍由大专院校、设计与施工单位、软件企业内具有相关教学和装配式实践经验的专家学者组成，书中各部分内容都是依据教学特点和工程实际的需要精心编排的。编者结合目前装配式技能考评的相关要求，对书稿的体系结构、内容做了合理设置，因此本书也可作为本科、高职院校相关专业学生和专业技术人员参加装配式技能考试的参考书。

感谢西安三好软件技术股份有限公司在本书编写过程中给予的大力支持；感谢中天西北集团装配式工厂、陕西建筑产业投资集团有限公司、西安建构实业有限责任公司提供的生产和工程项目案例。本书二维码视频文件由西安三好软件技术股份有限公司提供并负责后期维护和更新。

装配式建筑施工技术在我国的应用还处在不断发展的初级阶段，本书中可能会有一些不尽完善之处，衷心希望得到广大读者的批评和指正（联系邮箱 ruking606@163.com）。

编 者

微课视频资源列表

章节	模块名称	二维码
第 1 章　装配式建筑基本知识	装配式建筑基本知识	
	建筑识图基础 - 图例及符号	
	建筑识图基础 - 预制构件的编号及选用	
第 2 章　预制构件生产	构件制作	
第 3 章　预制构件的运输与存放	预制构件运输	
	预制构件现场与存放	
第 4 章　装配式主体施工	装配式主体施工准备知识	
	装配式主体施工使用工具	
	预制构件安装及验收标准	
	预制外剪力墙吊装施工工艺	
	预制内剪力墙吊装施工工艺	

（续）

章节	模块名称	二维码
第 4 章　装配式主体施工	单层叠合钢筋混凝土剪力墙	
	双层叠合钢筋混凝土剪力墙	
	预制柱吊装施工工艺	
	预制叠合梁吊装施工工艺	
	预制叠合板吊装施工工艺	
	楼面钢筋绑扎	
	楼面现浇层混凝土浇筑	
	预制钢筋混凝土空心楼板安装	
	预制楼梯吊装施工工艺	
	锚固式楼梯施工	
	预制阳台施工	

（续）

章节	模块名称	二维码
第 4 章　装配式主体施工	叠合阳台施工	
	预制混凝土雨篷吊装	
第 5 章　装配式细部节点	预制外墙构造缝施工	
	外墙缝排水管安装	
	内墙拼缝处理	
	后浇节点钢筋绑扎	
	后浇节点模板安装	
	后浇节点混凝土浇筑	
	预制装配式混凝土梁柱节点	
	预制装配式混凝土主次梁连接节点	
	大跨度、两段 PC 叠合梁梁梁连接节点	

（续）

章节	模块名称	二维码
第 5 章　装配式细部节点	大层高 PC 柱分段预制柱柱连接	
	叠合板与轻质隔墙连接	
第 6 章　支撑与围护体系	叠合楼板支撑（独立三脚架支撑）	
	叠合墙模板、支撑	
	叠合梁支撑	
	预制柱支撑	
	外挂架作业平台安装	
	装配式临边防护	
	装配式安全通道	
第 8 章　安全文明施工	安全文明施工标准化管理	
	安全文明施工标准化措施	

（续）

章节	模块名称	二维码
第 8 章　安全文明施工	机械的安全使用	
	料具的安全使用	
	临时设施安全管理	
	事故预防与处理	
	警示标志	

目　录 | CONTENTS

第 1 章　装配式建筑基本知识 | CHAPTER 1

近年来，装配式建筑的发展如火如荼，从概念到相关标准，再到应用，装配式建筑逐步走进大众的视野。装配式建筑是一种将预制构件现场拼装而形成的建筑形式，因其相对传统现浇模式有诸多优点而被广泛推行。

1.1　认识装配式建筑

发展装配式建筑是建造方式的重大变革，是推进供给侧结构性改革和新型城镇化发展的重要举措，有利于节约资源能源、减少施工污染、提升劳动生产效率和质量安全水平，有利于促进建筑业与信息化、工业化深度融合。近年来，我国积极探索发展装配式建筑，虽与发展绿色建筑的有关要求以及先进建造方式相比还有很大差距，但已取得一系列进展。

1.1.1　装配式建筑的相关术语

在学习装配式建筑相关知识前，首先需要了解装配式建筑的相关术语。本节主要参考《装配式混凝土建筑技术标准》(GB/T 51231—2016）和《装配式建筑评价标准》(GB/T 51129—2017)，对装配式建筑建造过程中常见的术语进行说明，使读者能够快速了解装配式建筑。

1. 装配式建筑 prefabricated building

由预制部品部件在工地装配而成的建筑。

2. 装配率 prefabricated ratio

单体建筑室外地坪以上的主体结构、围护墙和内隔墙、装修与设备管线等采用预制部品部件的综合比例。

3. 建筑系统集成 integration of building systems

以装配化建造方式为基础，统筹策划、设计、生产和施工等，实现建筑结构系统、外围护系统、设备与管线系统、内装系统一体化的过程。

4. 集成设计 integrated design

建筑结构系统、外围护系统、设备与管线系统、内装系统一体化的设计。

5. 协同设计 collaborative design

装配式建筑设计中通过建筑、结构、设备、装修等专业相互配合，并运用信息化技术手段满足建筑设计、生产运输、施工安装等要求的一体化设计。

6. 结构系统 structure system

由结构构件通过可靠的连接方式装配而成，以承受或传递荷载作用的整体。

7. 外围护系统 envelope system

由建筑外墙、屋面、外门窗及其他部品部件等组合而成，用于分隔建筑室内外环境的部品部件的整体。

8. 设备与管线系统 facility and pipeline system

由给水排水、供暖通风空调、电气和智能化、燃气等设备与管线组合而成，满足建筑使用功能的整体。

9. 内装系统 interior decoration system

由楼地面、墙面、轻质隔墙、吊顶、内门窗、厨房和卫生间等组合而成，满足建筑空间使用要求的整体。

10. 部件 component

在工厂或现场预先生产制作完成，构成建筑结构系统的结构构件及其他构件的统称。

11. 部品 part

由工厂生产，构成外围护系统、设备与管线系统、内装系统的建筑单一产品或复合产品组装而成的功能单元的统称。

12. 全装修 decorated

所有功能空间的固定面装修和设备设施全部安装完成，达到建筑使用功能和建筑性能的状态。

13. 装配式装修 assembled decoration

采用干式工法，将工厂生产的内装部品在现场进行组合安装的装修方式。

14. 干式工法 non-wet construction

采用干作业施工的建造方法。

15. 模块 module

建筑中相对独立，具有特定功能，能够通用互换的单元。

16. 标准化接口 standardized interface

具有统一的尺寸规格与参数，并满足公差配合及模数协调的接口。

17. 集成式厨房 integrated kitchen

由工厂生产的楼地面、吊顶、墙面、橱柜和厨房设备及管线等集成并主要采用干式工法装配而成的厨房。

18. 集成式卫生间 integrated bathroom

由工厂生产的楼地面、墙面（板）、吊顶和洁具设备及管线等集成并主要采用干式工法装配而成的卫生间。

19. 整体收纳 system cabinet

由工厂生产、现场装配、满足储藏需求的模块化部品。

20. 装配式隔墙、吊顶和楼地面 assembled partition wall，ceiling and floor

由工厂生产的，具有隔声、防火、防潮等性能，且满足空间功能和美学要求的部品集成，并主要采用干式工法装配而成的隔墙、吊顶和楼地面。

21. 管线分离 pipe & wire detached from structure system

将设备与管线设置在结构系统之外的方式。

22. 同层排水 same-floor drainage

在建筑排水系统中，器具排水管及排水支管不穿越本层结构楼板到下层空间、与卫生器具同层敷设并接入排水立管的排水方式。

23. 预制混凝土构件 precast concrete component

在工厂或现场预先生产制作的混凝土构件，简称预制构件。

24. 装配式混凝土结构 precast concrete structure

由预制混凝土构件通过可靠的连接方式装配而成的混凝土结构。

25. 装配整体式混凝土结构 monolithic precast concrete structure

由预制混凝土构件通过可靠的连接方式进行连接并与现场后浇混凝土、水泥基灌浆料形成整体的装配式混凝土结构，简称装配整体式结构。

26. 多层装配式墙板结构 multi-story precast concrete wall panel structure

全部或部分墙体采用预制墙板构建成的多层装配式混凝土结构。

27. 混凝土叠合受弯构件 concrete composite flexural component

预制混凝土梁、板顶部在现场后浇混凝土而形成的整体受弯构件，简称叠合梁、叠合板。

28. 预制外挂墙板 precast concrete facade panel

安装在主体结构上，起围护、装饰作用的非承重预制混凝土外墙板，简称外挂墙板。

29. 钢筋套筒灌浆连接 grout sleeve splicing of rebars

在金属套筒中插入单根带肋钢筋并注入灌浆料拌合物，通过拌合物硬化形成整体并实现传力的钢筋对接连接方式。

30. 钢筋浆锚搭接连接 rebar lapping in grout-filled hole

在预制混凝土构件中预留孔道，在孔道中插入需搭接的钢筋，并灌注水泥基灌浆料而实现的钢筋搭接连接方式。

31. 水平锚环灌浆连接 connection between precast panel by post-cast area and horizontal anchor loop

同一楼层预制墙板拼接处设置后浇段，预制墙板侧边甩出钢筋锚环并在后浇段内相互交叠而实现的预制墙板竖缝连接方式。

1.1.2 装配式建筑的发展

近年来我国颁布了一系列政策和标准来推进装配式建筑的发展，同时，各省市、自治区、直辖市也积极响应国家号召，建立了多个装配式示范基地，率先带动了装配式建筑的发展。

1. 政策

2013 年 1 月 6 日，国务院发布了《国务院办公厅关于转发发展改革委、住房城乡建设部绿色建筑行动方案的通知》，明确指出住房城乡建设等部门要加快建立促进建筑工业化的设计、施工、部品生产等环节的标准体系，推动结构件、部品、部件的标准化，丰富标准件的种类，提高通用性和可置换性。推广适合工业化生产的预制装配式混凝土、钢结构等建筑体系，加快发展建设工程的预制和装配技术，提高建筑工业化技术集成水平。

2016 年 2 月 6 日，国务院在《关于进一步加强城市规划建设管理工作的若干意见》中提出，要发展新型建造方式，大力推广装配式建筑，减少建筑垃圾和扬尘污染，缩短建造工期，提升工程质量；制定装配式建筑设计、施工和验收规范；完善部品部件标准，实现建筑部品部件工厂化生产；鼓励建筑企业装配式施工，现场装配；建设国家级装配式建筑生产基地；积极稳妥推广钢结构建筑；在具备条件的地方，倡导发展现代木结构建筑。

2016 年 9 月 30 日，国务院在《国务院办公厅关于大力发展装配式建筑的指导意见》中提出：以京津冀、长三角、珠三角三大城市群为重点推进地区，常住人口超过 300 万的其他城市为积极推进地区，其余城市为鼓励推进地区，因地制宜发展装配式混凝土结构、钢结构和现代木结构等装配式建筑。力争用 10 年左右的时间，使装配式建筑占新建建筑面积的比例达到 30%。

2017 年 2 月 24 日，国务院发布《国务院办公厅关于促进建筑业持续健康发展的意见》，文中指出：坚持发展装配式建筑的“六化一体”，推广智能和装配式建筑。

2017 年 3 月 23 日，住建部印发《“十三五”装配式建筑行动方案》，文件指出：到 2020 年，全国装配式建筑占新建建筑的比例达到 15% 以上，其中重点推进地区达到 20% 以上，积极推进地区达到 15% 以上，鼓励推进地区达到 10% 以上；届时，培育 50 个以上装配式建筑示范城市，200 个以上装配式建筑产业基地，500 个以上装配式建筑示范工程，建设 30 个以上装配式建筑科技创新基地。

2018 年 7 月 3 日，国务院在《国务院关于印发打赢蓝天保卫战三年行动计划的通知》中指出：因地制宜稳步发展装配式建筑。将施工工地扬尘污染防治纳入文明施工管理范畴，建立扬尘控制责任制度，扬尘治理费用列入工程造价。

2. 标准

近年来，我国关于装配式建筑的标准逐年颁布，标准质量水平也有较大提高，我国的工程建设标准体系正在逐步完善。

2017 年 6 月 1 日，开始实施《装配式混凝土建筑技术标准》（GB/T 51231—2016）、《装配式钢结构建筑技术标准》（GB/T 51232—2016）和《装配式木结构建筑技术标准》（GB/T 51233—2016）三项国家标准。其中，《装配式混凝土建筑技术标准》(以下简称《标准》）的结构系统设计部分是在现有的《装配式混凝土结构技术规程》(JGJ 1—2014，以下简称《规程》）的基础上补充和完善的，主要表现在以下几个方面。

1）将最新科研成果应用于装配式建筑中。《标准》针对“装配整体式框架结构”中的框架梁柱纵筋间距和箍筋肢距做适当调整和规定，以适应实际工程中预制装配式结构对大间距配筋的需求；增加了钢筋挤压套筒连接和钢筋浆锚搭接连接形式及具体构造要求；增加了双面叠合剪力墙结构并明确其结构设计计算及构造要求。

2）考虑工厂加工工艺和现场施工工序，补充了屋盖采用叠合楼板时的构造要求；在已有主次梁连接技术的基础上，推荐主次梁连接宜采用铰接，同时补充了工程中已经推广使用的钢企口铰接连接节点构造；增加了在保证安全等要求的前提下，剪力墙竖向分布钢筋可采用单排连接以减少连接接头的数量。

3）对外挂墙板变形能力提出要求，对其采用点、线支承连接时的节点构造作出明确规定，确保外挂墙板在地震作用下的安全储备。

4）新增了多层装配式墙板结构，并对具体构造措施作出了规定。

2017年12月12日，住建部发布公告称：《装配式建筑评价标准》（GB/T 51129—2017，以下简称“新评价标准”）于2018年2月1日开始实施。相对于《工业化建筑评价标准》（GB/T 51129—2015，以下简称“旧评价标准”），新评价标准有以下特点：

1）限定了适用范围，其主要用于评价民用建筑的装配化程度，当工业建筑符合评价标准时，也可用于评价工业建筑。

2）统一评价指标为“装配率”，明确装配率是对单体建筑装配化程度的综合评价结果，这一评价指标不仅考虑了主体结构采用预制混凝土构件的情况，也考虑了建筑围护墙和内隔墙、内装建筑部品、设备管线等采用非砌筑、一体化和系统集成、干法施工等技术的情况。

3）新评价标准将装配式建筑评价分为预评价和项目评价两个阶段，保证了评价的质量和效果。

4）新评价标准采用认定评价和等级评价两种评价方式。明确认定评价为装配式建筑的“准入门槛”，等级评价要求在认定评价基础上有所提高，解决了各地对于装配式项目认定“准入门槛”指标存在差异的问题。

此外，住建部还发布了《装配式劲性柱混合梁框结构技术规程》（JGJ/T 400—2017）、《装配式环筋扣合锚接混凝土剪力墙结构技术标准》（JGJ/T 430—2018）、《装配式整体卫生间应用技术标准》（JGJ/T 467—2018）、《工厂预制混凝土构件质量管理标准》（JG/T 565—2018）等行业标准，各省也发布了适应本地区特点的地方标准、规范、图集等。

3. 发展现状分析

2017年11月，住建部认定北京市、杭州市、广安市等30座城市为我国第一批装配式建筑示范城市，北京住总集团有限责任公司、杭萧钢构股份有限公司、碧桂园控股有限公司等195家企业成为装配式建筑示范基地。195家企业涵盖了预制构件从研发、设计、生产到施工的全过程。截止2018年初我国已经先后批准了67个涉及开发企业、部品生产企业、综合试点城市型的国家住宅产业化基地。从建筑面积方面来看，2015年、2016年全国新建装配式建筑面积分别为0.726亿平方米、1.14亿平方米，占新建建筑面积的比例分别为2.7%、4.9%；2017年截止至10月已有1.27亿平方米的装配式建筑拔地而起，较2016年再次有了新的突破。

1.1.3 装配式建筑的特点

1. 装配式建筑的定义

装配式建筑这一概念最早诞生于20世纪中期，旨在解决建设工程中劳动力不足、施工工期长、环境污染过大这些问题。国内外对装配式建筑的研究都较多，本书对装配式建筑总结为如下定义：装配式建筑是指工厂生产的预制构件在施工现场通过可靠拼装而形成的新型工业化建筑，其主要包含生产阶段、运输阶段和安装阶段，具有设计标准化、构件部品化、施工机械化、管理信息化和装修一体化的特点。

2. 装配式建筑的优势

与传统建造方式相比，装配式建筑有很多优势。装配式建筑设计标准化、构件生产部品化和施工机械化的特点决定了装配式建筑有以下优势。

（1）提高劳动生产率，缩短建设工期　装配式建筑是将工厂生产的预制构件运到施工现场进行拼装，极大地提高了施工机械化程度，以工业化的方式取代手工操作，减少了工人工作量，施工方便快捷，工作效率高。同时装配式建筑的施工受外界天气、温度等环境因素的影响较小，有利于加快工程进度，缩短建设工期。

（2）节约能源，减少环境污染　装配式建筑预制构件在工厂流水线生产，在施工现场只有拼装和吊装，减少了模板和支撑的使用，节约了资源。同时装配式的施工方式减少了现场湿作业，由湿作业产生的扬尘污染、废水污染也随之减少，有利于保护环境。另外，由于现场装配施工，不需要泵送混凝土，也消除了由此产生的噪声污染。

（3）提高建筑质量　装配式建筑的预制构件主要由水泥、砂等轻质材料构成，与混凝土相比重量较轻，但构件强度高，能够保证基础荷载保持不变，提高抗震性能。构件材料具有低导热性特点，能够保证建筑外墙体的恒温效果。单个构件在加工时，其施工工艺要比传统的现浇施工技术简单，有利于质量控制。

（4）加强施工安全　产品在预制厂房的平地上制造，减少了高空作业量，降低了高空作业的危险性，同时有利于改善工地工作环境，保障工人安全。

1.2　装配式建筑识图基础

在学习装配式建筑前，必须先认识装配式建筑的图纸。完备的图纸应当包括建筑图、结构图、水、电和暖通的图纸。在每一专业的图纸中包含图纸目录、说明（即编制依据、项目概况、分部分项工程做法、防火、防雷及节能设计等）、平面图、立面图、剖面图、详图和明细表等内容。本文在此仅简要说明装配式建筑图纸中常见的图例、符号以及常见构件（如剪力墙、叠合板、楼梯、阳台板、空调板和女儿墙）的编号原则及选用步骤。

1.2.1　常用图例及符号（表 1-1）

表 1-1　装配式建筑图纸中常见图例及符号

名称	图例	名称	图例
预制钢筋混凝土（包括内墙、内叶墙、外叶墙）		后浇段、边缘构件	
现浇钢筋混凝土墙体		灌浆部位	
橡胶支垫或坐浆		空心部位	
预制构件钢筋		后浇混凝土钢筋	
附加或重要钢筋（红色）		钢筋灌浆套筒连接	
无机保温材料		有机保温材料	
夹心保温外墙		预制外墙模板	
栏杆预留洞口 D1		梯段板吊装预埋件 M1	
梯段板吊装预埋件 M2		栏杆预埋件 M3	
压光面	Y	粗糙面结合面	C
模板面	M	键槽结合面	J

注：钢筋灌浆套筒连接包括全灌浆套筒连接和半灌浆套筒连接。

1.2.2 常见预制构件的编号及选用

1. 预制混凝土剪力墙

（1）预制混凝土剪力墙外墙板（15G365-1 图集） 预制混凝土剪力墙外墙板由外叶墙板、保温层、内叶墙板组成，主要包括无洞口、带一个窗洞（高窗台和矮窗台）、带两个窗洞、带一个门洞五大类。

1）编号原则

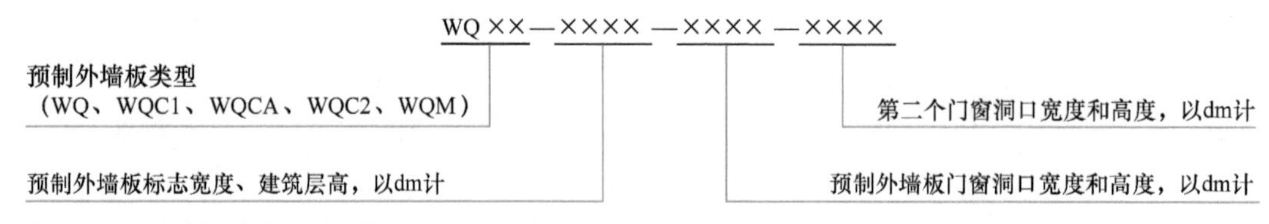

2）预制剪力墙外墙板编号示例（表 1-2）

表 1-2 预制剪力墙外墙板编号示例表

墙板类型	示意图	墙板编号	标志宽度 /mm	层高 /mm	门、窗洞口宽 /mm	门、窗洞口高 /mm	门、窗洞口宽 /mm	门、窗洞口高 /mm
无洞口外墙		WQ-2428	2400	2800	—	—	—	—
一个窗洞外墙（高窗台）		WQC1-3328-1514	3300	2800	1500	1400	—	—
一个窗洞外墙（矮窗台）		WQCA-3329-1517	3300	2900	1500	1700	—	—
两个窗洞外墙		WQC2-4830-0615-1515	4800	3000	600	1500	1500	1500
一个门洞外墙		WQM-3628-1823	3600	2800	1800	2300	—	—

3）选用步骤

① 建筑方案设计阶段，建筑与结构专业应协调，综合考虑预制构件标准化、生产、运输、施工等影响因素。根据图集 15G365-1 中的构件尺寸，共同设计预制外墙板平面布置图方案，并确定后浇连接区段节点形式及尺寸。

② 施工图设计阶段，根据轴线尺寸和后浇连接区段布置预制外墙板，尽量选用标准墙板，可通过调整后浇连接区段长度选用标准墙板；同时尽量使得后浇连接区段节点尺寸标准化。

③ 核对预制外墙板类型和尺寸参数，核对与建筑相关的门窗洞口尺寸、保温层厚度、建筑面层厚度等相关参数。

④ 核对结构楼板厚度及预制外墙板计算配筋等，进行地震工况水平接缝的受剪承载力验算。

⑤ 补充选用设备管线预留预埋，根据工程实际情况，结合生产、施工及构件加工需求，对图集中未明确的相关预埋件进行补充设计，并补充相关节点详图。

⑥ 选择预制外墙板间后浇连接区段节点并进行钢筋详图设计。

（2）预制混凝土剪力墙内墙板（15G365-2 图集） 装配整体式剪力墙预制内墙板，主要分为无洞口、固定门垛、中间门洞和刀把内墙四大类。

1）编号原则

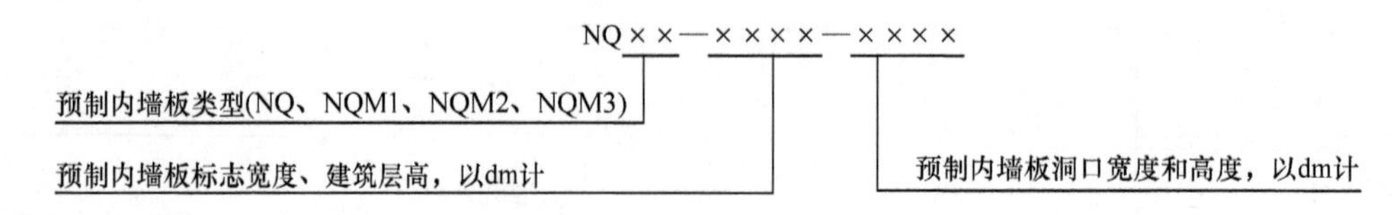

2）预制剪力墙内墙板编号示例（表 1-3）

表 1-3　预制剪力墙内墙板编号示例表

墙板类型	示意图	墙板编号	标志宽度 /mm	层高 /mm	门宽 /mm	门高 /mm
无洞口内墙		NQ-2128	2100	2800	—	—
固定门垛内墙		NQM1-3028-0921	3000	2800	900	2100
中间门洞内墙		NQM2-3029-1022	3000	2900	1000	2200
刀把内墙		NQM3-3330-1022	3300	3000	1000	2200

注：门洞的高度为建筑面层至洞口顶部的高度。

3）选用步骤

① 预制内墙板标志宽度即为构件宽度，设计人员应根据建筑平面布置图，结合图集 15G365-2 中构件尺寸，充分考虑构件标准化的原则，优先调整连接区段长度，进行预制内墙板的布置。

② 核对预制墙板类型及尺寸参数，核对与建筑相关的门洞口尺寸、建筑面层厚度等相关要求。

③ 核对楼板厚度及墙板配筋等，进行地震工况下水平接缝的受剪承载力验算。

④ 结合设备专业需求，进行电线盒位置选用，并补充其他设备孔洞及预埋管线。

⑤ 补充选用设备管线预留预埋，根据工程实际情况，结合生产、施工需求，对图集中未明确的相关预埋件进行补充设计，并补充相关详图。

⑥ 对墙板间后浇连接区段节点进行钢筋详图设计。

2. 桁架钢筋混凝土叠合板（15G366-1 图集）

该叠合板设置钢筋桁架，钢筋桁架应由专用焊接机械制造，腹杆钢筋应连续，且与上、下弦钢筋的焊接采用电阻点焊，如图 1-1 所示。

图 1-1　桁架钢筋

图集 15G366-1 中的桁架钢筋混凝土叠合板厚度为 60mm，适用于抗震设防 6~8 度的剪力墙结构住宅及剪力墙墙厚为 200mm 的情况，其他墙厚及结构形式可供参考，可用于屋面叠合板用的底板，但不适用于阳台、厨房和卫生间用底板。其包含双向受力和单向受力两种情况。当长边与短边长度之比小于 3.0 时，宜按双向板设计，也可按沿短边方向受力的单向板设计；当长边与短边长度之比不小于 3.0 时，宜按沿短边方向受力的单向板设计。

（1）编号原则

1）双向受力叠合板用底板（表 1-4）

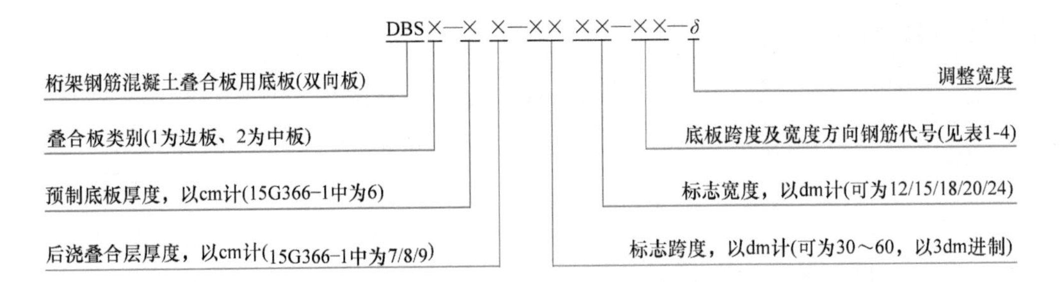

表 1-4　双向叠合板用底板跨度、宽度方向钢筋代号组合表

编号 / 跨度方向钢筋 / 宽度方向钢筋	Φ 8@200	Φ 8@150	Φ 10@200	Φ 10@150
Φ 8@200	11	21	31	41
Φ 8@150		22	32	42
Φ 8@100				43

2）单向受力叠合板用底板（表 1-5）

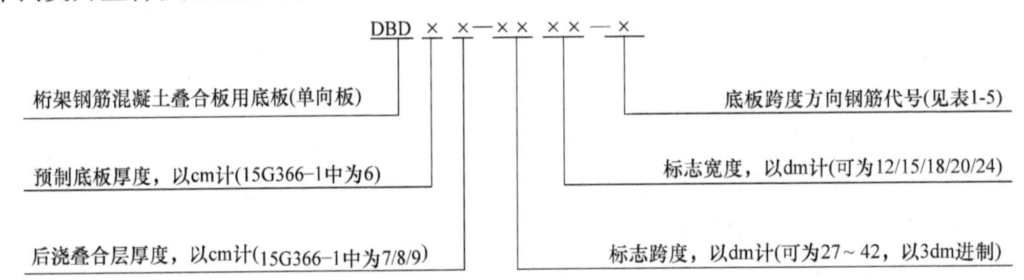

表 1-5　单向叠合板用底板钢筋代号表

代号	1	2	3	4
受力钢筋规格及间距	Φ 8@200	Φ 8@150	Φ 10@200	Φ 10@150
分布钢筋规格及间距	Φ 6@200	Φ 6@200	Φ 6@200	Φ 6@200

（2）选用步骤

① 应对叠合楼板进行承载能力极限状态和正常使用极限状态设计，根据板厚和配筋进行底板的选型，绘制底板平面布置图，并另行绘制楼板后浇叠合层顶面配筋图。

② 当选用图集 15G366-1 的底板并按图集要求制作施工时，可不进行脱模、吊装、运输、堆放和安装环节的施工验算。

③ 布置底板时，应尽量选择标准板型；当采用非标准板型时，应另行设计底板。

④ 单向板底板之间采用分离式接缝，可在任意位置拼接，双向板底板之间采用整体式接缝，接缝位置宜设置在叠合板的次要受力方向上且受力较小处。

钢筋桁架与底板钢筋网根据相对位置可分为两种：其一，桁架下弦钢筋与底板跨度方向钢筋在同一层，底板沿宽度方向钢筋为最下一层，如图 1-2 所示；其二，底板沿宽度方向钢筋置于桁架下弦钢筋及底板沿跨度方向钢筋之上，如图 1-3 所示。注意这两种钢筋排布方式的受力钢筋有效截面高度不同。

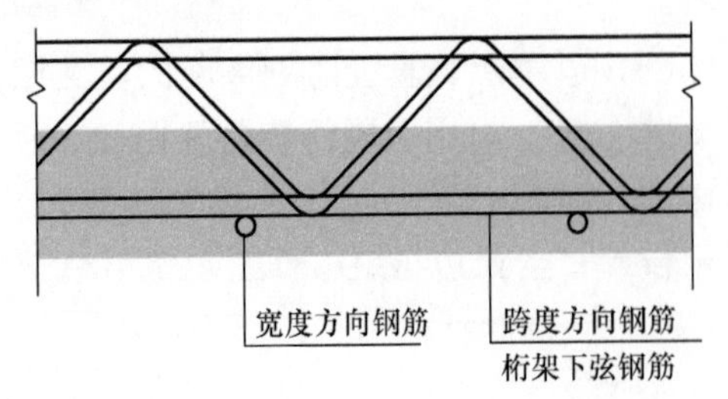

图 1-2　宽度方向钢筋位于桁架下弦钢筋之下

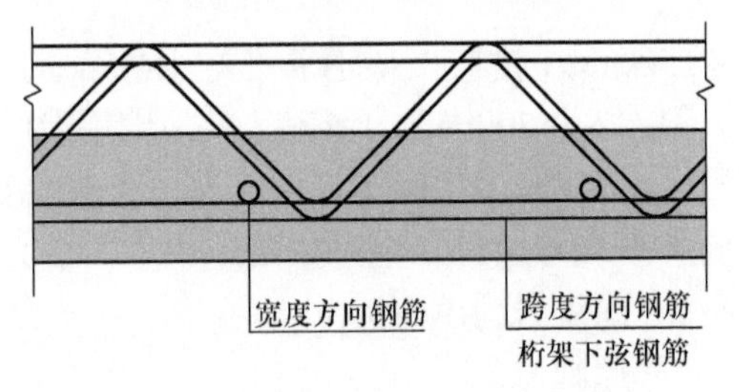

图 1-3　宽度方向钢筋位于桁架下弦钢筋之上

3. 预制钢筋混凝土板式楼梯（15G367-1 图集）

预制混凝土板式楼梯适用于剪力墙结构住宅中的双跑楼梯（图 1-4）和剪刀楼梯（图 1-5），其上端支撑处为固定铰支座，下端支撑处为滑动铰支座。楼梯间层高包含 2.8m、2.9m 和 3.0m 三个规格；楼梯间净宽中，双跑楼梯含 2.4m、2.5m 两个规格，剪刀楼梯含 2.5m、2.6m 两个规格。预制楼梯编号时，根据建筑层高、楼梯间净宽来确定。

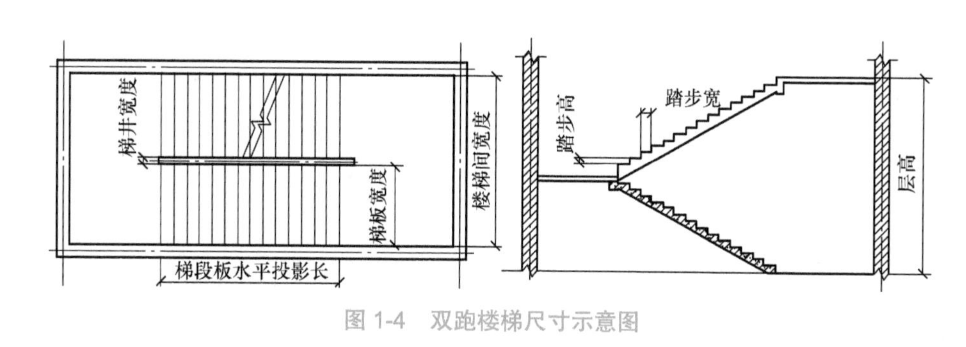

图 1-4　双跑楼梯尺寸示意图

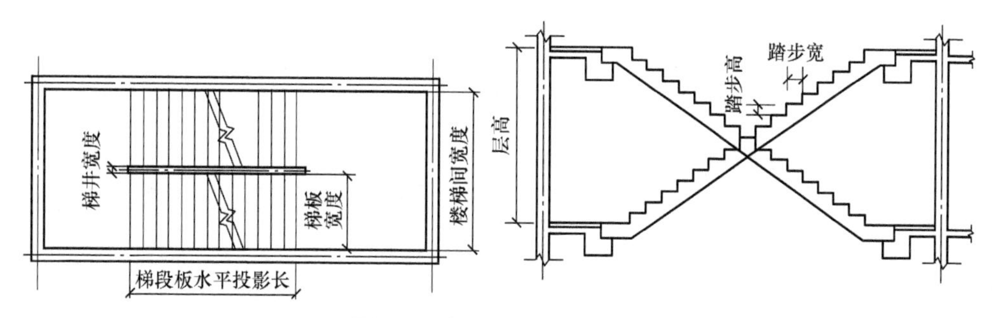

图 1-5　剪刀楼梯尺寸示意图

（1）编号原则

1）双跑楼梯

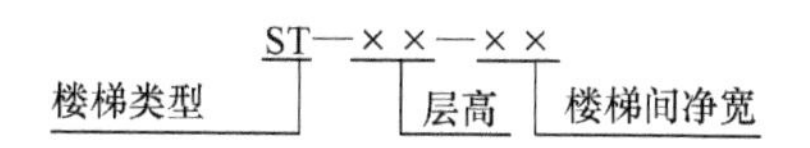

2）剪刀楼梯

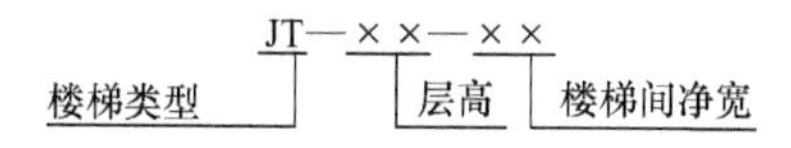

（2）选用步骤

① 确定楼梯间层高、净宽、建筑面层厚度及预制楼梯编号。

② 选用预埋件，并根据具体工程实际增加其他预埋件。

③ 根据图集中给出的重量及吊点位置，结合构件生产单位、施工安装要求选用吊件类型及尺寸。

④ 补充预制楼梯相关制作施工要求。

（3）预制楼梯平面布置图和剖面图标注的内容

1）预制楼梯平面布置图注写内容包括楼梯间的平面尺寸、楼层结构标高、楼梯的上下方向、预制梯板的平面几何尺寸、梯板类型及编号、定位尺寸等。剪刀楼梯中还需要标注防火隔墙的定位尺寸及编号。

2）预制楼梯剖面注写内容包括预制楼梯编号、梯梁梯柱编号、预制梯板水平及竖向尺寸、楼层结构标高、层间结构标高、建筑楼面做法厚度等。

4. 预制钢筋混凝土阳台板、空调板及女儿墙（15G368-1 图集）

（1）预制钢筋混凝土阳台板　预制钢筋混凝土阳台板包括叠合板式阳台、全预制板式阳台和全预制梁式阳台三种类型，适用于剪力墙结构住宅。

1）编号原则

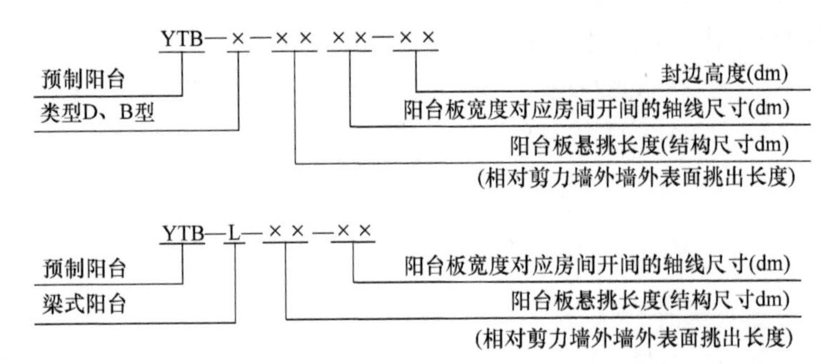

其中，D 型代表叠合式阳台；B 型代表全预制板式阳台；L 型代表全预制梁式阳台。

对于预制阳台板封边高度，04 代表阳台封边 400mm 高；08 代表阳台封边 800mm 高；12 代表阳台封边 1200mm 高。

2）选用步骤

① 确定预制混凝土阳台板建筑、结构各参数与图集 15G368-1 的选用范围要求保持一致，可按图集中相应规格表和配筋表直接选用。

② 预制阳台板混凝土强度等级、建筑面层厚度、保温层厚度设计应在施工图中统一说明。

③ 核对预制阳台板的荷载取值不大于图集中设计取值。

④ 根据建筑平、立面图的阳台板尺寸确定预制阳台板编号。

⑤ 根据具体工程实际设置或增加其他预埋件。

⑥ 根据图集中预制阳台板模板图及预制构件选用图集表中已标明的吊点位置及吊重要求，设计人员应与生产、施工单位协调吊件型式，以满足规范要求。

⑦ 如需补充预制阳台板预留设备孔洞的位置，需结合设备图纸补充。

⑧ 补充预制阳台板相关制作及施工要求。

（2）预制钢筋混凝土空调板　图集 15G368-1 中为厚度 80mm 的剪力墙结构住宅中的预制钢筋混凝土空调板。

1）编号原则

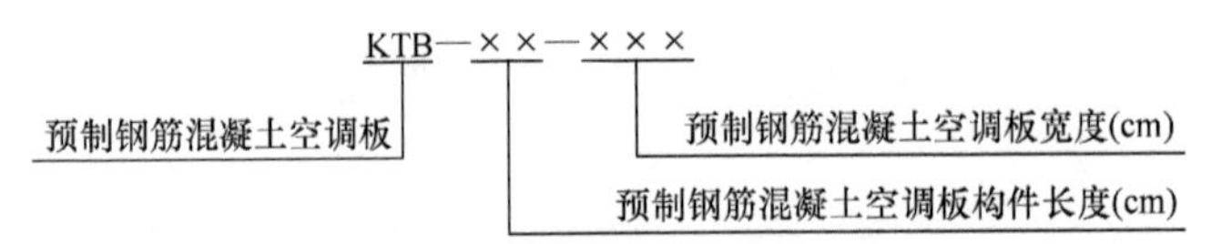

预制空调板构件长度（L）= 预制空调板挑出长度（$L1$）+10，其中，挑出长度从剪力墙外表面起计算。预制空调板构件长度（L）有 630mm、730mm、740mm、840mm 四种型号；预制空调板宽度（B）有 1100mm、1200mm、1300mm 三种型号；厚度（h）为 80mm。

2）选用步骤

① 确定各参数与图集 15G368-1 选用范围要求一致。

② 核对预制空调板的荷载是否满足图集规定。

③ 根据所在地区、外围护结构形式、构件尺寸确定预制空调板编号。

④ 根据图集的做法选择预埋件和吊件，也可根据相关规范和标准另行设计。

⑤ 根据设备专业设计确定预留孔的尺寸、位置和数量。

（3）预制钢筋混凝土女儿墙　预制钢筋混凝土女儿墙有夹心保温式女儿墙和非保温式女儿墙两种样式，适用于剪力墙结构住宅中女儿墙高度为 600mm 和 1400mm 的情况。

1）编号原则

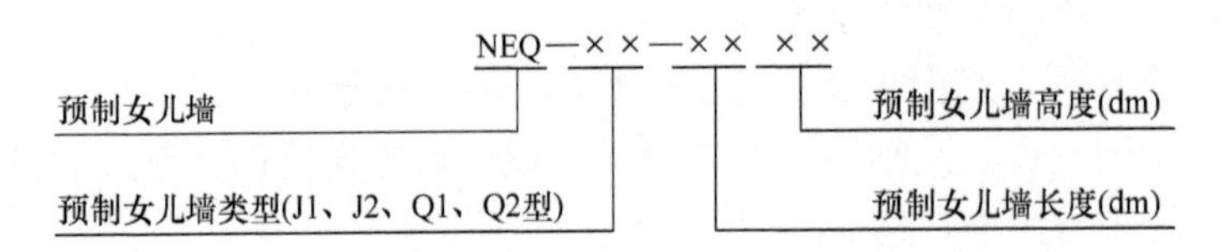

预制女儿墙类型中：J1 型代表夹心保温式女儿墙（直板）；J2 型代表夹心保温式女儿墙（转角板）；Q1 型代表非保温式女儿墙（直板）；Q2 型代表非保温式女儿墙（转角板）。

预制女儿墙高度从屋顶结构层标高算起，到女儿墙压顶的顶面为止，即预制女儿墙设计高度 = 女儿墙墙体高度 + 女儿墙压顶高度 + 接缝高度。06 表示女儿墙 600mm 高，14 表示 1400mm 高。

2）选用步骤

① 确定各参数与图集 15G368-1 选用范围保持一致。

② 核对预制女儿墙的荷载条件，并确定女儿墙的支座为结构顶层剪力墙后浇段向上延伸段。

③ 根据建筑顶层预制外墙板的布置、建筑轴线尺寸和后浇段尺寸确定预制女儿墙编号。

④ 根据图集预埋件规格和工程实际选用预埋件，并根据工程具体情况增加其他预埋件。

⑤ 根据图集中给出的重量及吊点位置，结合构件生产单位、施工安装要求选用预制女儿墙吊件类型及尺寸。

⑥ 如需补充预制女儿墙预留孔洞及管线，需结合设备图纸补充。

⑦ 内外叶板拉结件布置图由设计人员补充设计。

（4）平面布置图中需注写内容　预制阳台板、空调板及女儿墙施工图应包括按标准层绘制的平面布置图、构件选用表，其平面布置图中需注写以下内容。

① 各预制构件编号、平面尺寸和定位尺寸。

② 预留洞口尺寸及相对于构件本身的定位（与标准构件中留洞位置一致时可不标）。

③ 楼层结构标高。

④ 预制钢筋混凝土阳台板、空调板结构完成面与结构标高不同时的标高高差。

⑤ 预制女儿墙厚度、定位尺寸、女儿墙墙顶标高。

5. 后浇段（15G107-1 图集）

后浇段编号由后浇段类型代号和序号组成（表 1-6），在编号中，如若干后浇段的截面尺寸与配筋均相同，仅截面与轴线的关系不同时，可将其编为同一后浇段号。

表 1-6　后浇段编号

后浇段类型	代号	序号
约束边缘构件后浇段	YHJ	××
构造边缘构件后浇段	GHJ	××
非边缘构件后浇段	AHJ	××

后浇段包含约束边缘构件后浇段、构造边缘构件后浇段和非边缘构件后浇段 。约束边缘构件后浇段包括有翼墙和转角墙两种；构造边缘构件后浇段包括构造边缘转角墙、构造边缘有翼墙、边缘暗柱三种，如图 1-6、图 1-7 所示。

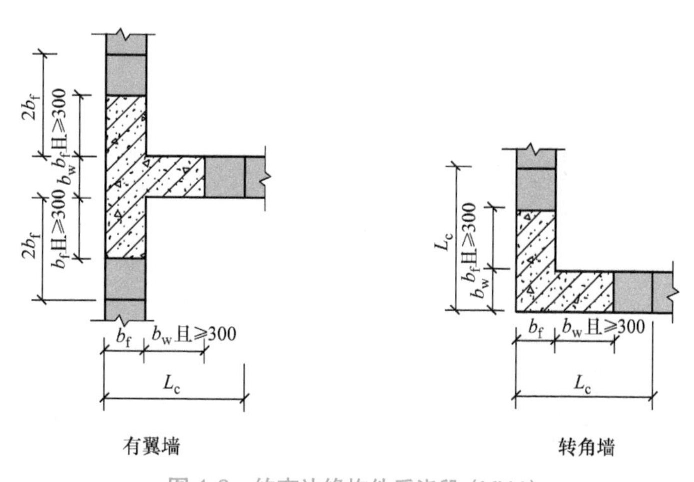

图 1-6　约束边缘构件后浇段（YHJ）

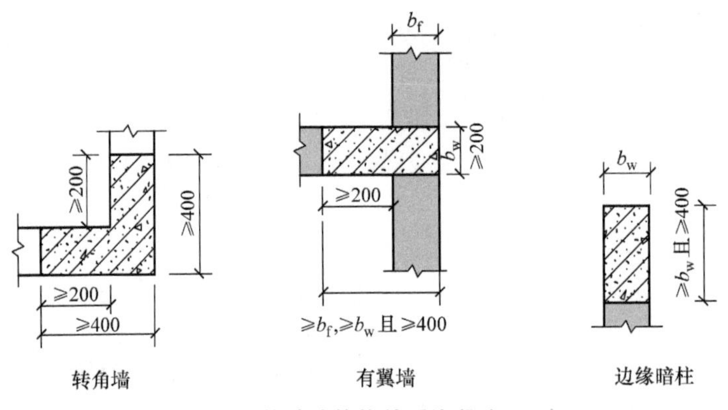

图 1-7 构造边缘构件后浇段（GHJ）

1.3 认识装配式建筑相关软件

现阶段装配式建筑发展快速，与之同时，各种相关软件也层出不穷。本节主要介绍在装配式建筑设计阶段的常用建模软件，进而通过借助“三好装配式虚实结合教学实训平台”来帮助读者对装配式建筑的构件、使用机具、工艺流程有一个立体的认识，给读者提供一个学习装配式建筑建造过程的平台，以便将理论知识和实际应用更好地结合。

1.3.1 装配式建筑建模软件介绍

设计阶段常用的建模软件有 Revit、Tekla、Catia、PKPM、鸿业装配式建筑设计软件等。各个软件都有自己的侧重点，如 Revit 的参数化建模，Tekla 着重适用于钢结构设计，Catia 能精确创造曲面，PKPM 的结构分析和调整，鸿业软件集成了国内相关标准和规范且更具有适用性，同时，大多数软件之间能实现信息共享，能生成图纸、报表等，从而推进了装配式建筑的正向设计，以期未来在保证质量的同时降低成本。

1.3.2 三好装配式虚实结合教学实训平台介绍

三好装配式虚实结合教学实训平台主要介绍了装配式混凝土建筑建造的全过程。该软件包含 4 种模式：实训模式、考试模式、自由模式和离线模式（图 1-8），为广大读者提供了装配式建筑建造过程学习和考核的平台。其包含带锁版和网络版两种版本，如图 1-9、图 1-10 所示。

图 1-8 三好装配式虚实结合教学实训平台

本软件目的在于为广大有意了解装配式建筑的学习者提供详细了解装配式建筑的渠道，使学习者能更加深刻、更加充分地认识到装配式建筑的优点所在，克服现阶段所存在的阻碍，响应国家号召，大力发展装配式建筑。

图 1-9 带锁版教学实训平台

图 1-10 网络版教学实训平台

该软件主要包括预制构件生产加工、预制构件运输堆放、装配式主体施工、装配式细部节点构造以及支撑与围护体系五个模块。在每一个工序里面又包括学习任务、教学资源、工艺实训、微课和实训考核，如图 1-11~ 图 1-15 所示。

在每一道工序的教学资源中均包括施工图纸、施工方案、相关规范、作业指导书以及图片库、视频库。通过学习这些资源，可以对该道工序有大致的了解，认识装配式建筑工序的工艺流程和控制标准等。

图 1-11　构件加工的学习任务

在工艺实训中，包括对人、材、机的介绍，该道工序的仿真实训以及该道工序在整个装配式建筑环节中所需的资料。

每道工序的微课包括构造认知和工程量计算，便于加深学习者对工艺实训环节中各种工具的作用和工艺流程的了解，同时掌握每类构件的计算方法。

最后，对于每一道工序还提供了实训考核的平台，帮助学习者了解自己对于每一道工序的掌握程度，及时回顾没有掌握的地方。

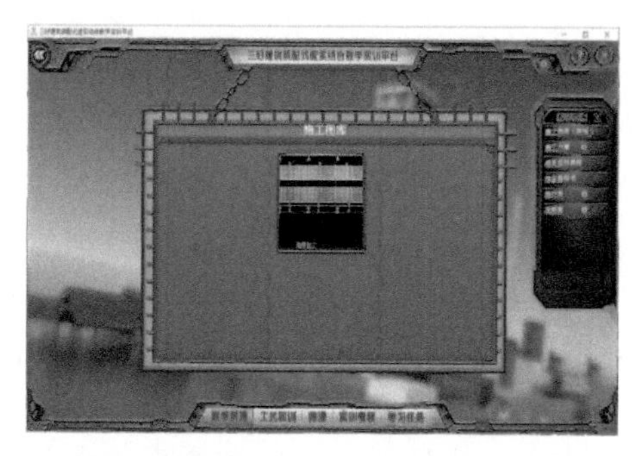

图 1-12　构件加工的教学资源界面

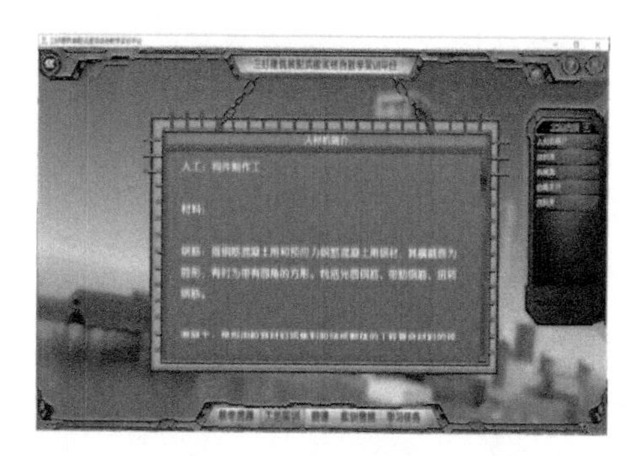

图 1-13　构件加工的工艺实训

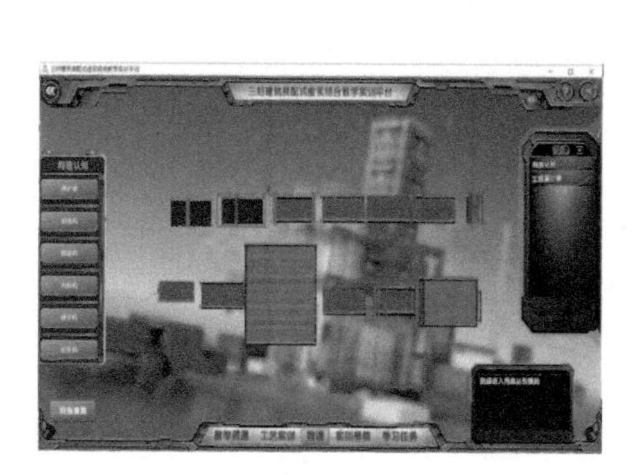

图 1-14　构件加工的微课

图 1-15　构件加工的实训考核

第 2 章　预制构件生产　CHAPTER 2

装配式建筑的构件在工厂进行生产，常见构件有外墙板、内墙板、叠合板、楼梯、阳台、雨篷等。在生产预制构件前，应仔细核对各专业相关图纸，完成图纸的深化设计和构件拆分，编制生产进度计划，做好堆放场地的布置，同时对生产方案、人员进场计划、物资采购计划等进行策划，保证生产过程的顺利进行。

2.1　构件制作

构件制作包括制作前对原材料、机械、模具、人员的准备安排工作，还包括制作过程中各项工艺的实施，对制作前和制作过程中的各关键点全面把握的程度直接影响到构件的生产效率和成本。

2.1.1　预制构件生产的一般规定

1）生产单位应具备保证产品质量要求的生产工艺设施、试验检测条件，建立完善的质量管理体系和制度，并宜建立质量可追溯的信息化管理系统。

2）预制构件生产前，应由建设单位组织设计、生产、施工单位进行设计文件交底和会审。必要时，应根据批准的设计文件、拟定的生产工艺、运输方案、吊装方案等编制加工详图。

3）预制构件生产前应编制生产方案，生产方案宜包括生产计划及生产工艺、模具方案及计划、技术质量控制措施、成品存放、运输和保护方案等。

4）生产单位的检测、试验、张拉、计量等设备及仪器仪表均应检定合格，并应在有效期内使用。不具备试验能力的检验项目，应委托第三方检测机构进行试验。

5）预制构件生产宜建立首件验收制度。

6）预制构件的原材料质量、钢筋加工和连接的力学性能、混凝土强度、构件结构性能、装饰材料、保温材料及拉结件的质量等均应根据国家现行有关标准进行检查和检验，并应具有生产操作规程和质量检验记录。

7）预制构件生产的质量检验应按模具、钢筋、混凝土、预应力、预制构件等检验进行。预制构件的质量评定应根据钢筋、混凝土、预应力、预制构件的试验、检验资料等项目进行。当上述各检验项目的质量均合格时，方可评定为合格产品。

8）预制构件和部品生产中采用新技术、新工艺、新材料、新设备时，生产单位应制定专门的生产方案；必要时进行样品试制，经检验合格后方可实施。

9）预制构件和部品经检查合格后，宜设置表面标识。预制构件和部品出厂时，应出具质量证明文件。

2.1.2　制作准备

在制作前，需准备好制作过程中所要使用的材料、机具、模具及其他相关物品。

1. 材料

制作的材料包括混凝土、钢筋、钢材、连接材料等。

构件生产所需材料的性能应满足现行相关标准的规定。

1）预制构件的混凝土强度等级不宜低于 C30；预应力混凝土预制构件的混凝土强度等级不宜低于 C40，且不应低于 C30；现浇混凝土的强度等级不应低于 C25。

2）普通钢筋采用套筒灌浆连接和浆锚搭接连接时，钢筋应采用热轧带肋钢筋。

3）用于钢筋浆锚连接的镀锌金属波纹管的钢带厚度不宜小于0.3mm，波纹高度不应小于2.5mm。

4）用于钢筋机械连接的挤压套筒，其原材料及力学性能应符合要求。

5）用于水平钢筋锚环灌浆连接的水泥基材料应符合国家标准规定。

6）预埋件和连接件等外露金属件应按不同环境类别进行封闭或防腐、防锈、防火处理，并应符合耐久性要求。

2. 机具

PC（预制装配式混凝土构件）装配式生产线设备包括六大系统：中央控制系统、模台循环系统、模台预处理系统、布料系统、养护系统和脱模系统。中央控制系统是对整个构件工厂的生产进行协调控制，通过向各个独立控制的系统发送指令，掌握、监控各个系统设备的工作状态，对存在隐患和发生故障的设备及时报警，自动诊断并进行故障处理，保障生产线的正常运行。模台循环系统是保证构件平整和构件工业化生产的关键。模台预处理系统包括模台清扫、划线和脱模剂喷涂几大装置。模台预处理完成后，即可进行边模安装、预制预埋件安放和钢筋网布放的工序，完成浇筑布料前的准备工作。布料系统包括混凝土输送机、布料机、振动平台、振动赶平机和修光抹平装置。养护系统包括养护库和模台自动存取机。在构件养护完成后，由脱模系统进行脱模。装配式建筑构件生产过程中常用的机械设备见表2-1，其他所需机具详见第4章4.1节。

表2-1 装配式建筑构件生产过程中常用机械设备

序号	机具名称	示例图片	功能介绍
1	清理机		将脱模后的空模台上附着的混凝土清理干净
2	划线机		用于根据图纸设计在底模上快速而准确地划出边模、预埋件等位置
3	喷油机		将脱模剂快速均匀地喷涂在模板表面
4	边模机		在模具底座上放置边模

（续）

序号	机具名称	示例图片	功能介绍
5	钢筋机	 	用于安装钢筋
6	预埋机	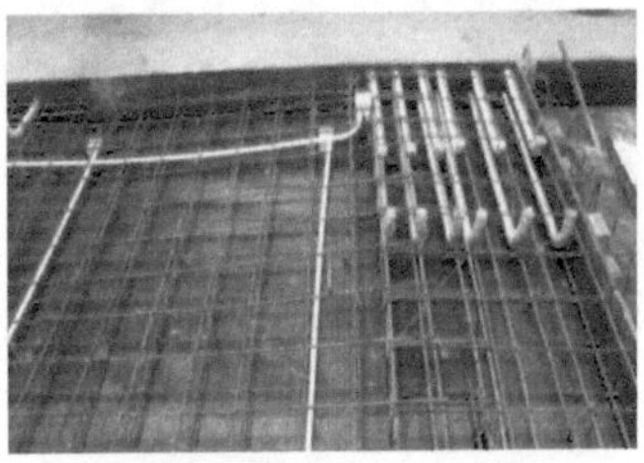	可以根据设计埋置预埋件
7	布料机		用于浇筑混凝土
8	振捣机		振捣混凝土，采用高频振动自动赶平混凝土构件表面，增加构件的密实度
9	抹平机		抹平混凝土表面，使构件的平整度更好，光洁度更高
10	预养护机		养护混凝土构件至初凝

（续）

序号	机具名称	示例图片	功能介绍
11	拉毛机		对叠合板构件新浇混凝土的上表面进行拉毛处理，以保证叠合板和后浇筑的混凝土的粘结效果
12	养护窑		养护混凝土构件至设计强度
13	脱模机		用于拆除模板
14	翻板机		旋转底板调整吊装方向

3. 模具

（1）作业条件

1）进场的模具应进行翘曲、尺寸、对角线差以及平整度等检查，并确保符合国家相关规范要求。

2）模具拼装前须清洗，对钢模应去除模具表面的铁锈、水泥残渣和污渍等。

（2）技术要求

1）模具应装拆方便，并应满足预制构件质量、生产工艺和周转次数等要求。

2）结构造型复杂、外形有特殊要求的模具应制作样板，检验合格后方可批量制作。

3）模具安装前必须进行清理，清理后模具内表面的任何部位不得残留有杂物。

4）模具安装应按模具安装方案要求的顺序进行。

5）固定在模具上的预埋件、预留孔应位置准确、安装牢固、不得遗漏。

6）用作底模的台座、胎模、地坪及铺设的底板等应平整光洁，不得有下沉、裂缝、起砂和起鼓。

7）模具安装就位后，接缝及连接部位应有密封措施，不得漏浆。

8）模具安装后相关人员应进行质量验收。

9）模具验收合格后模具表面应均匀涂刷界面剂，模具夹角处不得漏涂，钢筋、预埋件不得沾有界面剂。

10）脱模剂应选用质量稳定、适合喷涂、脱模效果好的脱模剂，并应具有改善混凝土表观质量的功能。

11）应定期检查侧模、预埋件和预留孔洞定位措施的有效性；应采取防止模具变形和锈蚀的措施；重新启用的模具应检验合格后方可使用。

12）模具与平模台间的螺栓、定位销、磁盒等固定方式应可靠，防止混凝土振捣成型时造成模具偏移和漏浆。

2.1.3 制作工艺流程

一般情况下，构件的生产工艺流程按图 2-1 程序进行，针对主体结构各具体构件和细部节点的构造详见第 4 章、第 5 章相关内容。

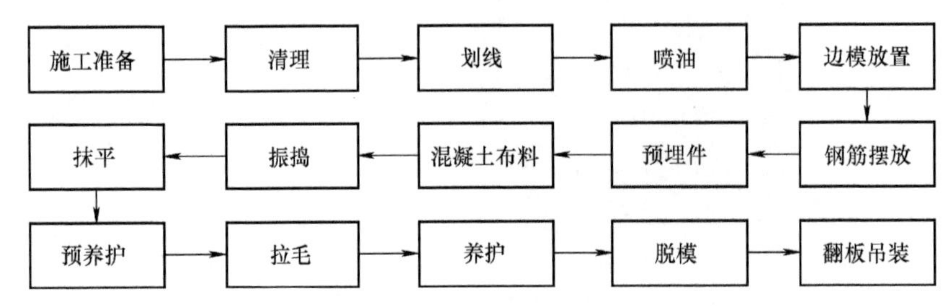

图 2-1 构件生产工艺流程

1. 施工准备

铲掉模具端头及内模表面残留的混凝土渣，用抹布或钢刷清理干净，露出模具金属底色。

2. 模具组装

1）仔细检查模具是否有损坏、缺件等现象，损坏或缺件的模具应及时修理或更换。

2）侧模、门模和窗模对号拼装，不可漏放螺栓和各种零件。

3）将挡边依次放置在底座四周，用刷子或抹布在所有挡边与构件接触面涂抹脱模剂，有倒角间隙的模具应进行打胶。要求模具清理干净，脱模剂涂抹均匀，不得漏涂或不涂。

4）根据构件图纸将挡边放置在底座对应位置，将下层挡边与底座对齐并用螺栓拧紧。

5）根据构件图纸要求调整模具安装尺寸，长宽误差均为 ±1.5mm，拧紧所有螺栓，有模具装配间隙之处进行打胶处理，以防漏浆。

3. 钢筋摆放

1）将对应的钢筋网按构件图纸要求放置在挡边内，四周及底边放置高度为 3mm 的垫块。

2）钢筋绑扎间距不允许超过 150mm，扎丝绑扎方向朝内，不得影响保护层或外露。

3）用扎丝绑扎连接套筒和钢筋，并用扎丝连接套筒和波纹管伸出对应的模具孔，调整套筒位置并固定牢固，模具外采用胶带缠木塞塞入波纹管，并用密封胶密封防止漏浆。

4）按图纸对吊顶底部安装加强筋，并用扎丝绑扎牢固，吊顶的安装要垂直。

4. 预埋件安装

1）根据生产需要，提前预备所需预埋件，避免因备料不及时影响生产进度。

2）安装预埋件之前，对所有预埋件固定器进行检查，如有损坏、变形，禁止使用。

3）安装预埋件时，禁止直接踩踏钢筋笼，个别部位可以搭跳板，以免工作人员被钢筋扎伤或使钢筋笼凹陷。

4）在预埋件固定器上均匀涂刷脱模剂后按图纸要求固定在模具底模上，确保预埋件与底模垂直、连接牢固。

5）所有预埋内螺纹套筒都需按图纸要求穿钢筋，钢筋外露尺寸要一致，内螺纹套筒上的钢筋要固定在钢筋笼上。

6）安装电器盒时，首先用预埋件固定器将电器盒固定在底模上，再将电器盒和线管连接，电器盒多余孔用胶带堵上，以免进浆。电器盒上表面要与混凝土表面平齐，线管绑扎在内叶墙钢筋骨架上，用胶带把所有预埋件上口封堵严实。

7）安装套筒时，套筒与底边模板垂直，套筒端头与模板之间无间隙。

8）浇筑完成的构件，必须及时拆除可拆除的预埋件。

5. 隐蔽工程检查

浇筑混凝土前应进行钢筋、预应力筋等的隐蔽工程检查，隐蔽工程检查项目应包括：

1）钢筋的牌号、规格、数量、位置和间距。

2）纵向受力钢筋的连接方式、接头位置、接头质量、接头面积百分率、搭接长度、锚固方式及锚固长度。

3）箍筋弯钩的弯折角度及平直段长度。

4）钢筋的混凝土保护层厚度。

5）预埋件、吊环、插筋、灌浆套筒、预留孔洞、金属波纹管的规格、数量、位置及固定措施。

6）预埋线盒和管线的规格、数量、位置及固定措施。

7）夹芯外墙板的保温层位置和厚度，拉结件的规格、数量和位置。

8）预应力筋及其锚具、连接器和锚垫板的品种、规格、数量、位置。

9）预留孔道的规格、数量、位置，灌浆孔、排气孔、锚固区局部加强构造。

10）预留孔洞应通过可靠的方式与底模连接，避免因振动造成孔洞偏位，孔洞的预留装置宜按照3:100的脱模角度设计。

6. 混凝土布料

1）混凝土布料前，用吸尘器清理挡边内残渣或灰尘，要求模具内侧无扎丝等影响构件表观质量的异物。

2）布料前观察混凝土的坍落度，坍落度过大或过小均不允许使用。

3）混凝土浇筑前，预埋件及预留钢筋的外露部分宜采取防止污染的措施。

4）布料时确保预埋件等的位置不变。

5）混凝土倾落高度不宜大于600mm，并应连续、均匀摊铺。

6）布料时控制混凝土厚度，在基本达到厚度要求时控制好下料，最终使混凝土上表面与侧模上沿保持在同一平面。

7）混凝土从出机到浇筑完毕的持续时间，气温高于25℃时不宜超过60min，气温不高于25℃时不宜超过90min。

7. 振捣

1）混凝土宜采用机械振捣方式成型。无特殊情况时，必须采用振动台进行整体振捣，如有特殊情况（如局部堆积过高），可采用振捣棒振捣。当采用振捣棒时，混凝土振捣过程中不应碰触钢筋骨架、面砖和预埋件。

2）混凝土振捣过程中应随时检查模具有无漏浆、变形或预埋件有无移位等现象。

3）要求振动台振动时间足够，直至混凝土表面水平、无凸出石子、无明显气泡排出，同时骨料无明显下沉。

8. 抹平、预养护、拉毛

1）将表面抹平，要求表面平整度≤ 2mm，并清理周围混凝土渣。

2）将构件送入预养护机养护至初凝。

3）预制构件粗糙面成型，可采用高压水冲洗或对叠合面进行拉毛处理。

9. 混凝土养护

1）保证控制室内及养护窑周边干净整洁。

2）监控并详细记录养护室内温度、湿度变化情况，蒸养温度最高不超过60℃，蒸养10~12h可进行下道工序。

3）养护过程分升温、恒温、降温三个阶段，升温速率不大于 10℃ /h，降温速率不大于 15℃ /h。

4）冬期施工构件进入养护窑前需要覆盖塑料薄膜，防止出窑后温度骤降导致构件表面出现收缩裂纹。

5）每个构件进窑前必须准确清晰地在构件合适位置标注构件编号、浇筑日期等信息。

6）准确、清晰地记录养护窑使用情况，并保管好文件资料。

7）合理控制构件存取，积极配合生产中的各项安排，不得影响生产线生产。

10. 脱模

1）拆模前需进行混凝土抗压试验，试验结果达到拆模强度方可拆除，严禁在未达到要求强度前进行拆模。一般情况下，同条件养护的混凝土立方体试件抗压强度达到设计混凝土强度的 75% 时，方可脱模。

2）用扳手把侧模的紧固螺栓拆下，把固定磁盒磁性开关打开然后拆下，确保都拆卸完成后将边模平行向外移出，防止边模在拆卸过程中变形。卸磁盒使用专用工具，严禁使用重物敲打拆除磁盒。

3）用起重机（或专用吊具）将窗模及门模吊起，放在指定位置的垫木上。吊模具时，挂好吊钩后，作业人员应远离模具，并听从指挥人员的指挥。

4）拆除所有挡边时，吊钩及钢丝绳不得磕碰、损伤构件，对丝杆要进行保护套安装或胶带防护。

5）拆卸下来的器具应放在指定位置，避免丢失。

6）拆下的边模由两人抬起轻放在指定位置，用方木垫好，确保侧模摆放稳固。

7）不得损伤构件表面，不得在构件表面留下脚印。

2.2 构件质量验收

质量检验是构件生产后保证构件质量的关键环节。构件生产过程中，人、材、机、法、环等诸多因素会对构件的质量产生影响，因而检验构件质量是必不可少的一环。预制构件的检验包括进场原材料的检验、模具的检验和成品构件的检验。只有构件质量偏差在允许范围内，构件才允许出厂。同时，预制构件应在其显著位置设置标识，标识内容应包括使用部位、构件编号等，在运输和堆放过程中不得损坏。

2.2.1 原材料的检验

在构件生产前需对原材料如钢筋、钢板、预埋件等材料质量进行检验，以确保后续生产出的构件质量合格。

1. 钢筋

钢筋半成品、钢筋网片、钢筋骨架和钢筋桁架应检查合格后方可进行安装，并应符合下列规定。

1）钢筋表面不得有油污，不应严重锈蚀。

2）钢筋网片和钢筋骨架宜采用专用吊架进行吊运。

3）混凝土保护层厚度应满足设计要求。保护层垫块宜与钢筋骨架或网片绑扎牢固，按梅花状布置，间距满足钢筋限位及控制变形要求，钢筋绑扎丝甩扣应弯向构件内侧。

4）钢筋桁架的尺寸偏差应符合表 2-2 的规定，钢筋成品的尺寸偏差和检验方法应符合表 2-3 的规定。

表 2-2 钢筋桁架尺寸允许偏差

项次	检验项目	允许偏差 /mm
1	长度	总长度的 ±0.3%，且不超过 ±10
2	高度	+1，−3
3	宽度	±5
4	扭翘	≤ 5

表 2-3 钢筋成品的允许偏差和检验方法

项目			允许偏差 /mm	检验方法
钢筋网片	长、宽		±5	钢尺检查
	网眼尺寸		±10	钢尺量连续三档，取最大值
	对角线		5	钢尺检查
	端头不齐		5	钢尺检查
钢筋骨架	长		0，-5	钢尺检查
	宽		±5	钢尺检查
	高（厚）		±5	钢尺检查
	主筋间距		±10	钢尺量两端、中间各一点，取最大值
	主筋排距		±5	钢尺量两端、中间各一点，取最大值
	箍筋间距		±10	钢尺量连续三档，取最大值
	弯起点位置		15	钢尺检查
	端头不齐		5	钢尺检查
	保护层	柱、梁	±5	钢尺检查
		板、墙	±3	钢尺检查

2. 预埋件

预埋件用钢材及焊条的性能应符合设计要求。预埋件加工允许偏差和检验方法应符合表 2-4 的规定。

表 2-4 预埋件加工允许偏差和检验方法

项次	检验项目		允许偏差 /mm	检验方法
1	预埋件锚板的边长		0，-5	用钢尺测量
2	预埋件锚板的平整度		1	用钢尺和塞尺测量
3	锚筋	长度	10，-5	用钢尺测量
		间距偏差	±10	用钢尺测量

2.2.2 模具的检验

1）除设计有特殊要求外，预制构件模具尺寸偏差和检验方法应符合表 2-5 的规定。

表 2-5 预制构件模具尺寸允许偏差和检验方法

项次	检验项目		允许偏差 /mm	检验方法
1	长度	≤ 6m	1，-2	用尺量平行构件高度方向，取其中偏差绝对值较大处
		> 6m 且≤ 12m	2，-4	
		> 12m	3，-5	
2	宽度、高（厚）度	墙板	1，-2	用尺量两端或中部，取其中偏差绝对值较大处
3		其他构件	2，-4	
4	底模表面平整度		2	用 2m 靠尺和塞尺量
5	对角线差		3	用尺量对角线
6	侧向弯曲		L/1500 且≤ 5	拉线，用钢尺量侧向弯曲最大处
7	翘曲		L/1500	对角拉线测量交点间距离值的两倍
8	组装缝隙		1	用塞片或塞尺测量，取最大值
9	墙模与侧模高低差		1	用钢尺量

注：L 为模具与混凝土接触面中最长边的尺寸。

2）预制构件中预埋门窗框时，应在模具上设置限位装置进行固定，并应逐件检验。门窗框安装允许偏差和检验方法应符合表 2-6 的规定。

表 2-6　门窗框安装允许偏差和检验方法

项次	检验项目		允许偏差 /mm	检验方法
1	锚固脚片	中心线位置	5	钢尺检查
		外露长度	+5，0	钢尺检查
2	门窗框位置		2	钢尺检查
3	门窗框高、宽		±2	钢尺检查
4	门窗框对角线		±2	钢尺检查
5	门窗框的平整度		2	靠尺检查

3）构件上的预埋件和预留孔宜通过模具进行定位，并安装牢固，其安装允许偏差应符合表 2-7 的规定。

表 2-7　模具上预埋件、预留孔安装允许偏差

项次	检验项目		允许偏差 /mm	检验方法
1	预埋钢板、建筑幕墙用槽式预埋组件	中心线位置	3	用尺测量纵横两个方向的中心线位置，取其中较大值
		平面高差	±2	用钢直尺和塞尺检查
2	预埋管、电线盒、电线管水平和垂直方向的中心线位置，预留孔、浆锚搭接预留孔（或波纹管）中心线位置		2	用尺测量纵横两个方向的中心线位置，取其中较大值
3	插筋	中心线位置	3	用尺测量纵横两个方向的中心线位置，取其中较大值
		外露长度	+10，0	用尺测量
4	吊环	中心线位置	3	用尺测量纵横两个方向的中心线位置，取其中较大值
		外露长度	0，−5	用尺测量
5	预埋螺栓	中心线位置	2	用尺测量纵横两个方向的中心线位置，取其中较大值
		外露长度	+5，0	用尺测量
6	预埋螺母	中心线位置	2	用尺测量纵横两个方向的中心线位置，取其中较大值
		平面高差	±1	用钢直尺和塞尺检查
7	预留洞	中心线位置	3	用尺测量纵横两个方向的中心线位置，取其中较大值
		尺寸	+3，0	用尺测量纵横两个方向的尺寸，取其中较大值
8	灌浆套筒及连接钢筋	灌浆套筒中心线位置	1	用尺测量纵横两个方向的中心线位置，取其中较大值
		连接钢筋中心线位置	1	用尺测量纵横两个方向的中心线位置，取其中较大值
		连接钢筋外露长度	+5，0	用尺测量

2.2.3　成品构件的检验

预制构件尺寸偏差及预留孔、预留洞、预埋件、预留插筋、键槽的位置允许偏差和检验方法应符合表 2-8 ~ 表 2-10 的规定。预制构件有粗糙面时，与预制构件粗糙面相关的尺寸允许偏差可放宽 1.5 倍。预制梁柱桁架类构件外形尺寸允许偏差及检验方法见第 4 章 4.4 节。

表 2-8 预制楼板类构件外形尺寸允许偏差及检验方法

项次	检查项目			允许偏差 /mm	检验方法
1	规格尺寸	高度		±4	用尺量两端及中间部位，取其中偏差绝对值较大值
2		宽度		±4	用尺量两端及中间部位，取其中偏差绝对值较大值
3		厚度		±3	用尺量板四角和四边中部位置共 8 处，取其中偏差绝对值较大值
4	对角线差			5	在构件表面，用尺测量两对角线的长度，取其绝对值的差值
5	外形	表面平整度	内表面	4	用 2m 靠尺安放在构件表面，用楔形塞尺测量靠尺与表面之间的最大缝隙
			外表面	3	
6		侧向弯曲		L/1000 且≤ 20	拉线，用钢尺量最大弯曲处
7		扭翘		L/1000	四对角拉两条线，测量两线交点之间的距离，其值的 2 倍为扭翘值
8	预埋部件	预埋钢板	中心线位置偏移	5	用尺测量纵横两个方向的中心线位置，取其中较大值
			平面高差	0，−5	用尺紧靠在预埋件上，测用楔形塞尺测量预埋件平面与混凝土面的最大缝隙
9		预埋螺栓	中心线位置偏移	2	用尺测量纵横两个方向的中心线位置，取其中较大值
			外露长度	+10，−5	用尺量
10		预埋套筒、螺母	中心线位置偏移	2	用尺测量纵横两个方向的中心线位置，取其中较大值
			平面高差	0，−5	用尺紧靠在预埋件上，用楔形塞尺测量预埋件平面与混凝土面的最大缝隙
11	预留孔	中心线位置偏移		5	用尺测量纵横两个方向的中心线位置，取其中较大值
		孔尺寸		±5	用尺测量纵横两个方向的尺寸，取其最大值
12	预留洞	中心线位置偏移		5	用尺测量纵横两个方向的中心线位置，取其中较大值
		洞口尺寸、深度		±5	用尺测量纵横两个方向的尺寸，取其最大值
13	预留插筋	中心线位置偏移		3	用尺测量纵横两个方向的中心线位置，取其中较大值
		外露长度		±5	用尺量
14	吊环、木砖	中心线位置偏移		10	用尺测量纵横两个方向的中心线位置，取其中较大值
		与构件表面混凝土高差		0，−10	用尺量
15	键槽	中心线位置偏移		5	用尺测量纵横两个方向的中心线位置，取其中较大值
		长度、宽度		±5	用尺量
		深度		±5	用尺量

表 2-9 预制墙板类构件外形尺寸允许偏差及检验方法

项次	检查项目			允许偏差 /mm	检验方法
1	规格尺寸	高度		±4	用尺量两端及中间部位，取其中偏差绝对值较大值
2		宽度		±4	用尺量两端及中间部位，取其中偏差绝对值较大值
3		厚度		±3	用尺量板四角和四边中部位置共 8 处，取其中偏差绝对值较大值
4	对角线差			5	在构件表面，用尺测量两对角线的长度，取其绝对值的差值
5	外形	表面平整度	内表面	4	用 2m 靠尺安放在构件表面，用楔形塞尺测量靠尺与表面之间的最大缝隙
			外表面	3	
6		侧向弯曲		L/1000 且≤ 20	拉线，用钢尺量最大弯曲处
7		扭翘		L/1000	四对角拉两条线，测量两线交点之间的距离，其值的 2 倍为扭翘值

（续）

项次	检查项目			允许偏差 /mm	检验方法
8	预埋部件	预埋钢板	中心线位置偏移	5	用尺测量纵横两个方向的中心线位置，取其中较大值
			平面高差	0，−5	用尺紧靠在预埋件上，用楔形塞尺测量预埋件平面与混凝土面的最大缝隙
9		预埋螺栓	中心线位置偏移	2	用尺测量纵横两个方向的中心线位置，取其中较大值
			外露长度	+10，−5	用尺量
10		预埋套筒、螺母	中心线位置偏移	2	用尺测量纵横两个方向的中心线位置，取其中较大值
			平面高差	0，−5	用尺紧靠在预埋件上，用楔形塞尺测量预埋件平面与混凝土面的最大缝隙
11	预留孔	中心线位置偏移		5	用尺测量纵横两个方向的中心线位置，取其中较大值
		孔尺寸		±5	用尺测量纵横两个方向的尺寸，取其最大值
12	预留洞	中心线位置偏移		5	用尺测量纵横两个方向的中心线位置，取其中较大值
		洞口尺寸、深度		±5	用尺测量纵横两个方向的尺寸，取其最大值
13	预留插筋	中心线位置偏移		3	用尺测量纵横两个方向的中心线位置，取其中较大值
		外露长度		±5	用尺量
14	吊环、木砖	中心线位置偏移		10	用尺测量纵横两个方向的中心线位置，取其中较大值
		与构件表面混凝土高差		0，−10	用尺量
15	键槽	中心线位置偏移		5	用尺测量纵横两个方向的中心线位置，取其中较大值
		长度、宽度		±5	用尺量
		深度		±5	用尺量
16	灌浆套筒及连接钢筋	灌浆套筒中心线位置		2	用尺测量纵横两个方向的中心线位置，取其中较大值
		连接钢筋中心线位置		2	用尺测量纵横两个方向的中心线位置，取其中较大值
		连接钢筋外露长度		+10，0	用尺量

表 2-10　装饰构件外观尺寸允许偏差及检验方法

项次	装饰种类	检查项目	允许偏差 /mm	检验方法
1	通用	表面平整度	2	2m 靠尺和塞尺检查
2	面砖、石材	阳角方正	2	用托线板检查
3		上口平直	2	拉通线用钢尺检查
4		接缝平直	3	用钢尺和塞尺检查
5		接缝深度	±5	用钢尺和塞尺检查
6		接缝宽度	±2	用钢尺检查

第 3 章　预制构件的运输与存放 | CHAPTER 3

预制构件生产完成并检验合格后，通常先在场内进行堆放，在构件需要使用前，按照规定时间将场内构件运送到施工现场。在运输和存放环节，要密切注意构件的放置环境，避免构件损坏对工期和成本造成不良影响。

3.1　施工准备

在构件运输、堆放前，需确定将要运输的构件型号和数量，同时，所需机械设备、人员需安排到位，运输方案已确定。另外，现场运输道路和堆放场地应平整坚实，并有排水措施。运输车辆进入施工现场的道路应满足预制构件的运输要求。在卸放、吊装工作范围内，不得有障碍物，并应有满足预制构件周转使用的堆场。

3.1.1　作业准备

1. 材料

已加工完成并验收合格的预制构件（梁、板、柱及建筑装修配件等）。

2. 机具

此处仅介绍运输所用的运输车和运输架（表 3-1），其他机具详见第 4 章 4.1 节。

表 3-1　装配式构件运输使用机具

序号	机具名称	示例图片	功能介绍
1	运输车		可以装载运输架的专用预制构件运输车
2	运输架		预制构件运输采用的专用架子

3.1.2　工艺流程

预制构件运输一般遵循以下程序（图 3-1）。

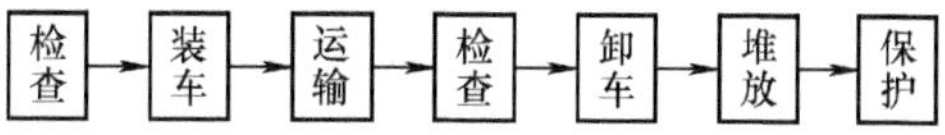

检查 → 装车 → 运输 → 检查 → 卸车 → 堆放 → 保护

图 3-1　预制构件运输流程

1. 检查

预制构件装车前，需要由技术人员核对构件编号和数量，确保是施工现场急需的构件，并确认尺寸是否符合要求、外观是否有破损现象。

2. 装车

预制构件运输时，墙板垂直放置，采用专用的运输架；叠合板水平放置，用专用的运输车装载运输。

3. 运输

（1）制定运输方案　此环节需要根据运输构件实际情况，装卸车现场及运输道路的情况，施工单位或当地的起重机械和运输车辆的供应条件以及经济效益等因素综合考虑，最终选定运输方法、起重机械（装卸构件用）、运输车辆和运输路线。应按照客户制定的地点及货物的规格和重量制定特定的路线，确保运输条件与实际情况相符。

（2）设计并制作运输架　根据构件的重量和外形尺寸进行设计和制作，且尽量考虑运输架的通用性。验算构件强度，对钢筋混凝土屋架和钢筋混凝土柱子等构件，根据运输方案所确定的条件，验算构件在最不利截面处的抗裂度，避免在运输中出现裂缝。如有出现裂缝的可能，应进行加固处理。

（3）清查构件　清查构件的型号、质量和数量，有无加盖合格印和出厂合格证书等。

（4）查看运输路线　在运输前再次对路线进行勘察，对于沿途可能经过的桥梁、桥洞、电缆，以及车道的承载能力、通行高度、宽度、弯度和坡度，沿途上空有无障碍物等进行实地考察并记录，制定出最佳路线。在制定方案时，每处需要注意的地方都要注明。如不能满足车辆顺利通行，应及时采取措施。此外，应注意沿途是否横穿铁道，如有，应查清火车通过道口的时间，以免发生交通事故。

4. 检查

运输到施工现场后，施工技术人员对现场构件进行验收清点，确认运输过程中是否造成构件破损，编号是否正确。

5. 卸车

1）采用专用吊具起吊预制构件。起吊时，轻起快吊，注意构件安全。

2）起吊前，应认真检查吊具与墙板预埋件点是否扣牢，确认无误后方可缓慢起吊。

3）起吊过程中应保持墙板竖直，防止预制构件起吊时单点起吊引起构件变形破坏。

6. 堆放

不同构件形式，存放方式不同。

预制构件运至施工现场后，由塔式起重机或汽车起重机按施工吊装顺序有序吊至专用堆放场地内，预制构件堆放必须在构件上加设枕木，场地上的构件应采取防倾覆措施。

1）墙板采用竖放，用槽钢制作满足刚度要求的支架。

2）墙板搁置点应设在墙板底部两端处，堆放场地须平整、结实。

3）墙板搁置点可采用柔性材料，堆放好以后要临时固定，场地做好临时围挡措施。

4）预防因人为碰撞或吊装机械碰撞导致堆场内 PC 构件出现多米诺骨牌式倒塌。堆场构件按吊装顺序交错有序堆放，板与板之间留出一定间隔。

7. 保护

预制构件堆放场地用防护栏杆进行围挡，避免闲杂人等进入。

3.2　预制构件的运输

预制构件的运输包括厂内转运和厂外运输，在转运前需确保运输方案合理、运距最优，运输过程中需做好构件的防护。本节主要介绍两种主要的运输方式，以及厂内和厂外运输分别需要注意的事项。

3.2.1　预制构件吊运的一般规定

1）应根据预制构件的形状、尺寸、重量和作业半径等要求选择吊具和起重设备，所采用的吊具和起重设备及其操作，应符合国家现行有关标准及产品应用技术手册的规定。

2）吊点数量、位置应经计算确定，应保证吊具连接可靠，保证起重设备的主钩位置、吊具及构件重心在竖直方向上重合。

3）吊索与构件水平夹角不宜小于60°，不应小于45°。

4）应采用慢起、稳升、缓放的操作方式，吊运过程中应保持稳定，不得偏斜、摇摆和扭转，严禁吊装构件长时间悬停在空中。

5）吊装大型构件、薄壁构件或形状复杂的构件时，应使用分配梁或分配桁架类吊具，并应采取避免构件变形和损伤的临时加固措施。

6）叠合板上的甩筋（锚固筋）在堆放、运输、吊装过程中要注意保护，不得反复弯曲或折断。

7）吊装叠合板不得采用“兜底”多块吊运，应按预留吊环位置，采用八个点同步单块起吊的方式，吊运中不得冲撞叠合板。

3.2.2 预制构件的主要运输方式

预制构件主要的运输方式包括立式运输和平层叠放运输。

1. 立式运输

在低盘平板车上安装专用运输架，墙板对称靠放或插放在运输架上。内外墙板和PCF板（预制外挂墙板）等竖向构件多采用立式运输方案。

2. 平层叠放运输

将预制构件平放在运输车上，一件件往上叠放，一起运输。叠合板、阳台板、楼梯、装饰板等水平构件多采用平层叠放运输方式。

3.2.3 厂内转运

预制构件的厂内转运是指预制构件从生产车间运至堆放场地的过程。

1. 转运流程（图3-2）

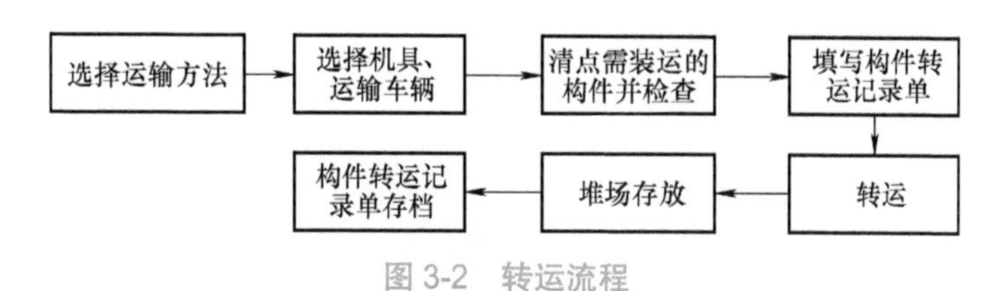

图3-2 转运流程

当生产车间与堆放场地间铺筑有轨道时，可采用轨道小车实现转运；如没有轨道，则应根据构件形状、尺寸、重量等选择合适的运输工具。

2. 注意事项

1）运输道路必须平坦坚实，有足够的宽度和转弯半径。

2）一般运输时，构件混凝土强度不应低于设计强度的85%，屋架和薄壁构件应达到设计强度的100%。

3）预制构件的支点和装卸车时的吊点，应按设计要求确定。

4）构件在运输过程中，必须有固定措施，以防运输途中倾倒，或转弯时甩出。

5）应根据构件重量、尺寸和类型选择合适的运输车辆和装卸机械。

6）构件应按平面布置图所示位置进行堆放，避免二次倒运。

3.2.4 厂外运输

厂外运输的工艺流程见3.1.2节。

1. 制定运输方案

1）先在地图上进行运输路线的模拟规划。

2）根据规划路线进行实地考察，对每条运输路线所经过的桥梁、涵洞、隧道等结构物的限高、限宽要求进行详细记录，确保车辆顺利通过。

3）合理选择 2~3 条路线，其中一条作为常用运输路线，其余作为备用方案。

4）运输车辆经过城区道路时，应遵循国家和地方的道路交通管理条例，确保不扰民、不影响居民休息。

5）控制合理运输半径，考虑运输费用占构件销售单价的比例。

2. 预制构件在运输过程中应做好安全和成品防护，并应符合下列规定

1）应根据预制构件种类采取可靠的固定措施。

2）对于超高、超宽、形状特殊的大型预制构件的运输和存放，应制定专门的质量安全保证措施。

3）运输时宜采取如下防护措施：设置柔性垫片避免预制构件边角部位或链索接触处的混凝土损伤；用塑料薄膜包裹垫块避免预制构件外观污染；墙板门窗框、装饰表面和棱角采用塑料贴膜或其他措施防护；竖向薄壁构件设置临时防护支架；装箱运输时，箱内四周采用木材或柔性垫片填实，支撑牢固。

4）应根据构件特点采用不同的运输方式，托架、靠放架、插放架应进行专门设计，进行强度、稳定性和刚度验算。

① 外墙板宜采用立式运输，外饰面层应朝外，梁、板、楼梯、阳台宜采用水平运输。

② 采用靠放架立式运输时，构件与地面倾斜角度宜大于 80°，构件应对称靠放，每侧不大于 2 层，构件层间上部采用木垫块隔离。

③ 采用插放架直立运输时，应采取防止构件倾倒的措施，构件之间应设置隔离垫块。

④ 水平运输时，预制梁、柱构件叠放不宜超过 3 层，板类构件叠放不宜超过 6 层。

3.3 预制构件的存放

预制混凝土构件如果在存储环节发生损坏、变形将会很难修补，既耽误工期又会造成经济损失。因此，大型预制混凝土构件的存储方式非常重要。在堆放前应做好堆放场地的硬化处理，并设置良好的排水措施。

3.3.1 预制构件存放原则

1）物料储存要分门别类，按“先进先出”的原则堆放物料，原材料需填写“物料卡”标识，并有相应台账以供查询。对有批次规定特殊原因而不能混放的同一物料应分开摆放。

2）物料储存要尽量做到“上小下大，上轻下重，不超过安全高度”。

3）物料不得直接放置在地上，必要时加垫板、工字钢、木方或置于容器内，予以保护存放。

4）物料要放置在指定区域，以免影响物料的收发管理。

5）不良品与良品必须分仓或分区储存、管理，并做好相应标识。

6）储存场地须适当保持通风，以保证物料品质不发生变异。

3.3.2 预制构件存放的一般要求

1）存放场地应平整、坚实，并应有排水措施。

2）存放库区宜实行分区管理和信息化台账管理。

3）应按照产品品种、规格型号、检验状态分类存放，产品标识应明确、耐久，预埋吊件应朝上，标识应向外。标识内容宜包括构件编号、制作日期、合格状态、生产单位等信息。

4）应合理设置垫块支点位置，确保预制构件存放稳定。支点宜与起吊点位置一致。

5）与清水混凝土面接触的垫块应采取防污染措施。

6）预制构件多层叠放时，每层构件间的垫块应上下对齐；预制楼板、叠合板、阳台板和空调板等构件宜平放，叠放层数不宜超过 6 层；长期存放时，应采取措施控制预应力构件起拱值和叠合板翘曲变形。

7）预制柱、梁等细长构件宜平放且用两条垫木支撑。

8）预制内外墙板、挂板宜采用专用支架直立存放，支架应有足够的强度和刚度，薄弱构件、构件薄弱部位和门窗洞口应采取防止变形开裂的临时加固措施。

9）预制构件应堆放在堆场的指定位置，并应有满足周转使用的场地，堆场应设置在塔式起重机的工作范围内，且工作范围内不得有障碍物，堆垛之间宜设置通道。

3.3.3 主要预制构件的存放方式

1. 叠合板存放

叠合板存储应放在指定的存放区域，存放区域地面应保持水平。叠合板需分型号码放、水平放置。第一层叠合板应放置在“H”型钢（型钢长度根据通用性一般为 3000mm）上，保证桁架筋与型钢垂直，型钢距构件边 500~800mm。层间用 4 块 100mm × 100mm × 250mm 的方木隔开，四角的 4 个方木平行于型钢放置，存放层数不超过 8 层，高度不超过 1.5m，如图 3-3、图 3-4 所示。

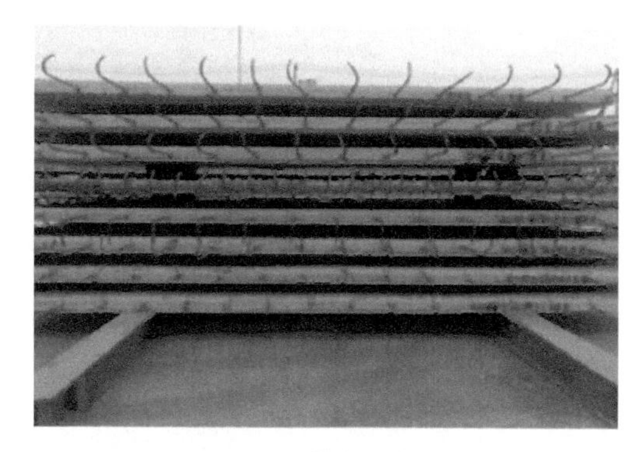

图 3-3 叠合板存放

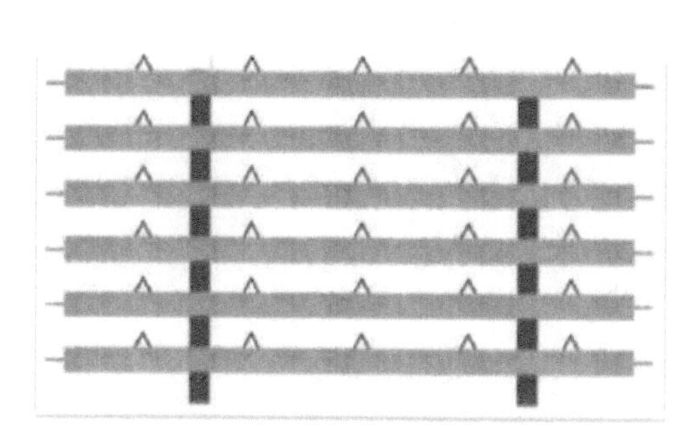

图 3-4 叠合板存放示意图

2. 墙板的存放（图 3-5）

墙板采用立放专用存放架，墙板长度小于 4m 时墙板下部垫两块 100mm × 100mm × 250mm 的木方，两端距墙边 300mm 处各一块木方。墙板长度大于 4m 或带门口洞时，墙板下部垫 3 块 100mm × 100mm × 250mm 的木方，两端距墙边 300mm 处各一块木方，墙体重心位置处一块。同时，预制外墙面靠放时，外饰面应朝内。

图 3-5 墙板存放

3. 楼梯的存放（图 3-6）

楼梯应存放在指定的储存区域，存放区域地面应保证水平。楼梯应分型号码放。折跑楼梯左右两端第二个、第三个踏步位置应垫 4 块 100mm × 100mm × 500mm 的木方，距离前后两侧为 250mm，保证各层间木方水平投影重合，存放层数不超过 6 层。同时，预制构件存放处 2m 范围内不应进行电焊、气焊作业。

图 3-6 楼梯的存放

4. 梁、柱的存放

梁、柱应存放在指定的存放区域，存放区域地面应保持水平，分型号码放、水平放置。第一层梁应放在“H”型钢（型钢长度根据通用性一般为3000mm）上，保证长度方向与型钢垂直，型钢距构件边500~800mm，长度过长时应在中间间距4m放置一道“H”型钢，根据构件长度和重量，梁最高叠放2层，柱最高叠放3层。层间用100mm × 100mm × 500mm的方木隔开，保证各层间木方水平投影重合于“H”型钢。柱的储存如图3-7所示。

图3-7 柱的储存

5. 预制阳台板的存放

预制阳台板叠放时，层与层之间应垫平、垫实，各层支垫应上下对齐，最下面一层支垫应通长设置，叠放层数不应大于4层。预制阳台板封边高度为800mm、1200mm时宜单层放置。

6. 空调板的存放

空调板存放区域地面应保证平整。空调板应分型号码放，水平放置，层间用2根40mm × 70mm × 500mm的木方隔开，木方距两侧边缘250mm左右，保证各层间水平投影重合。空调板存放层数不超过10层。

7. 异形构件的存放

异形构件的储存要根据其重量和外形尺寸的实际情况，合理划分储存区域及储存形式，避免因损伤和变形造成构件质量缺陷。

3.3.4 预制构件成品保护

1）预制构件成品外露保温板应采取防止开裂的措施，外露钢筋应采取防弯折的措施，外露预埋件和连接件等金属件应按不同环境类别进行防护或防腐、防锈处理。

2）宜采取保证吊装前预埋螺栓孔清洁的措施。

3）钢筋连接套筒、预埋孔洞应采取防止堵塞的临时封堵措施。

4）露骨料粗糙面冲洗完成后应对灌浆套筒的灌浆孔和出浆孔进行透光检查，并清理灌浆套筒内的杂物。

5）冬期生产和存放的预制构件的非贯穿孔洞，应采取措施防止雨、雪水进入发生冻胀损坏。

6）不得在板上任意凿洞，板上如需要打洞，应用机械钻孔，并按设计和图集要求做好相应的加固处理。

第 4 章　装配式主体施工 | CHAPTER 4

目前，装配式主体结构分为装配式混凝土结构、装配式钢结构以及木结构。本章从装配式混凝土结构出发，对预制柱、叠合梁、剪力墙、楼板、楼梯以及阳台和雨篷这些构件在相关规范以及实际施工中的工艺流程和质量检查标准中的应用加以详述。结合装配式实操软件，了解装配式施工具体施工流程和方法，掌握这些构件的施工工艺，掌握各主体构件施工的细部节点构造，了解其计算规则及施工质量控制措施，为今后装配式建筑相关知识的学习打下良好的理论基础。

4.1　装配式主体施工准备知识

1. 装配式主体构件分类

装配式预制构件分为水平构件和竖向构件。常见的水平构件有：叠合板、叠合梁、预制阳台板和雨篷、空调板以及预制楼梯板等；竖向构件有：预制墙体、预制柱、PCF 板（Precast concrete facade panel，预制外挂墙板）、预制内墙板等。

2. 装配式主体施工准备

（1）装配式主体施工使用工具　装配式主体预制构件吊装过程中会使用大量的施工工具，具体施工工具及作用见表 4-1。

表 4-1　装配式主体施工使用工具

序号	工具名称	示例图片	功能介绍
1	钢卷尺		测量距离，用于定位
2	斜支撑		增大构件的刚度和稳定性，起到支撑作用
3	钢筋定位框		让钢筋固定在准确的位置，防止墙柱钢筋偏位

（续）

序号	工具名称	示例图片	功能介绍
4	吊线锤		检验垂直度的工具，如检测柱、墙体的垂直度；给经纬仪和水准仪定点定位
5	撬棍		用于调整预制构件位置；用于拆模
6	外防护架		满足安全的需要，起到临边防护的作用
7	墨斗		用于施工放线，用墨斗弹线，定位直线
8	钢套板		起定位和保护作用
9	灰铲		清理杂物，塞缝时和砂浆配合使用
10	吊环		吊装构件时使用

（续）

序号	工具名称	示例图片	功能介绍
11	扳手		校正钢筋
12	射钉枪		用于拆除模板
13	独立三角支撑架		作为叠合板、阳台板等的下支撑架体
14	木工字梁		建筑模板体系中的重要部件，常与独立三角支撑架搭配使用，支撑叠合板、阳台板以及雨篷等
15	扎丝钩	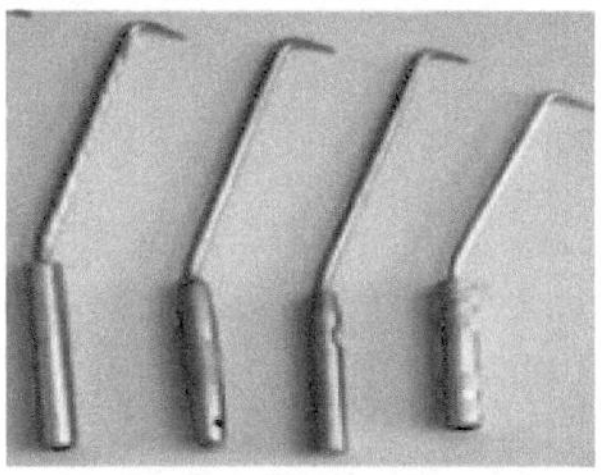	绑扎钢筋
16	木抹子	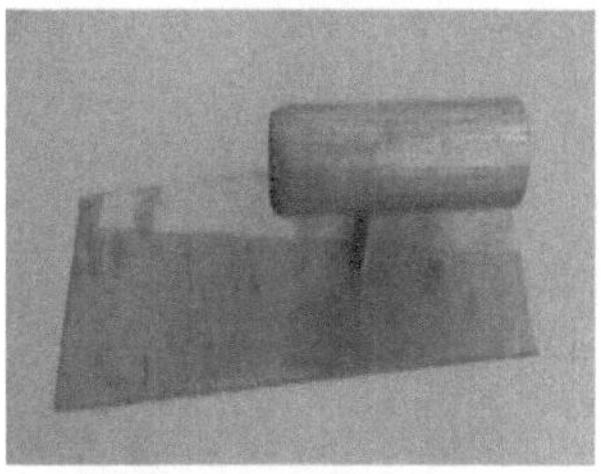	用于砂浆的搓平和压实，拉毛构件表面
17	刮杠		使混凝土表面平整

（2）装配式主体施工机械设备　预制构件的吊装除施工工具使用外，还需要大量的施工机械设备，见表 4-2。

表 4-2　装配式主体施工机械设备

序号	设备名称	示例图片	功能介绍
1	灌浆机	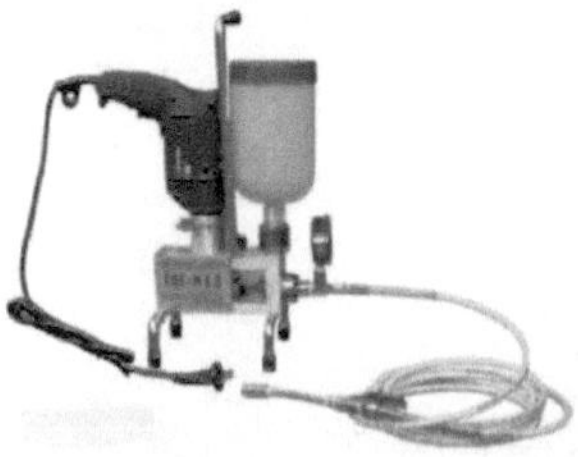	用于预制构件连接处灌浆；结构裂缝、二次事故缝渗水止漏
2	塔式起重机		用来吊施工用的钢筋、混凝土以及预制构件等
3	水准仪		测量地面点间高差，用于施工放线定位
4	布料机		是混凝土输送泵的配套设备，与混凝土输送泵连接，扩大混凝土泵送范围
5	平板振动器		用于混凝土捣实和表面振实，是浇筑混凝土及预制构件等的设备
6	振动棒		振捣混凝土

（续）

序号	设备名称	示例图片	功能介绍
7	吊架	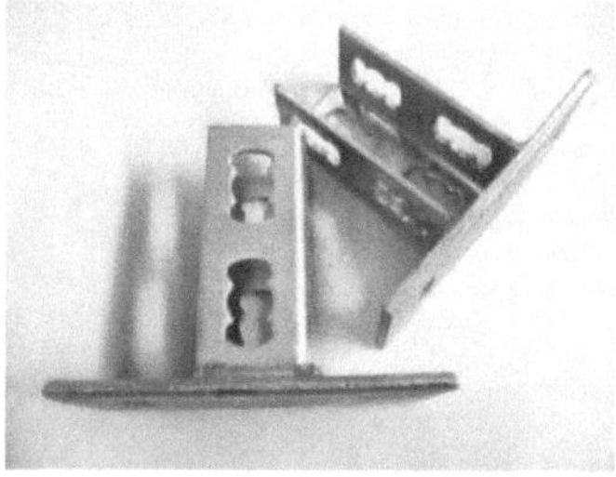	固定构件位置，承受构件的荷载

（3）装配式主体施工材料　装配式主体施工过程中，构件安装后需要对细部节点和缝隙进行处理，构件连接部分需要连接件并灌浆浇筑形成整体，现浇部分需要养护，因此需要大量施工材料，具体见表4-3。

表4-3　装配式主体施工材料

序号	材料名称	示例图片	功能介绍
1	砂浆	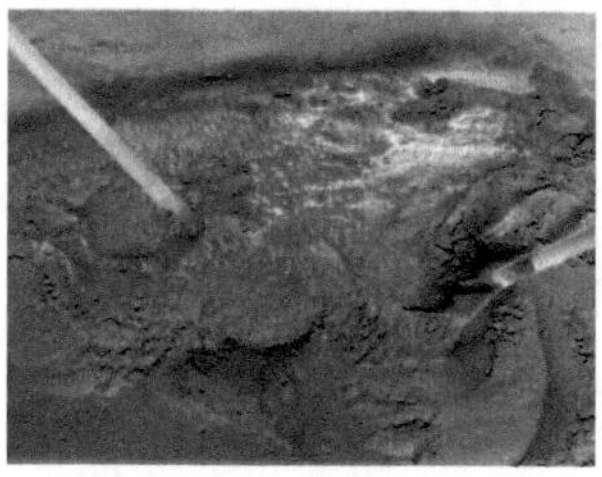	用于构件塞缝，达到防护的作用
2	钢垫片	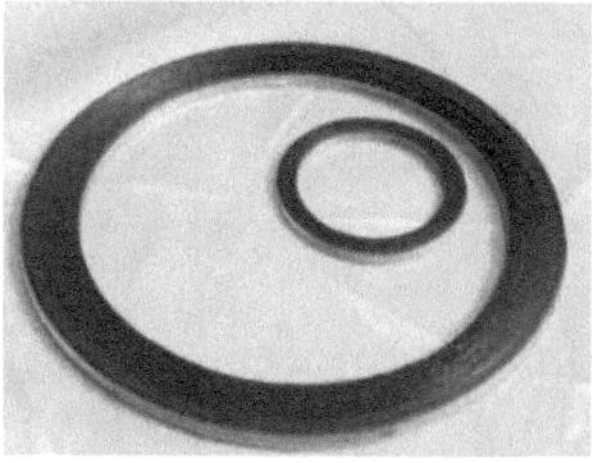	承压和紧固构件的作用
3	钢筋		和混凝土配合使用，主要承受拉应力
4	防水密封材料	 （防水密封材料有多种，此处选取其中一种为例）	起防水密封的作用

（续）

序号	材料名称	示例图片	功能介绍
5	圆胶塞		防止灌浆时，浆料从构件孔洞溢出
6	混凝土		使各构件形成坚实整体
7	模板		临时性支护结构，使构件保持正确位置和几何形状
8	角码		固定装饰面材，尤其在幕墙工程中广泛应用
9	横向连接片		连接固定构件，保持构件水平方向稳定牢固
10	PE棒（高密度聚乙烯板）		用于墙板、楼梯等缝隙封堵，并注胶密封

（续）

序号	材料名称	示例图片	功能介绍
11	木方		用于顶板模板的横向支撑和梁模板的加固、支撑
12	PVC 管（聚氯乙烯管）		水电管线敷设时，起到保护作用
13	灌浆料		用于构件间连接，起加固作用
14	聚苯条		防水保温作用
15	聚苯板		用作保温层，防水防潮

3. 装配化施工流程

（1）平面布置

1）道路布置：现场施工道路需要尽量设置环形道路，其中构件运输道路需根据运输车辆载重设置成重载道路。

2）堆场布置：吊装构件堆放场地要以满足 1~2 天施工需要为宜，同时为以后的装修作业和设备安装预留场地。预制构件的排列顺序需要提前策划，提前确定预制构件的吊装顺序，先起吊的构件排布在最外端。

3）大型机械：根据最重预制构件重量及其位置进行塔式起重机选型，使塔式起重机能够满足最重构件的起吊要求。

（2）吊装顺序　提前策划单位工程标准层预制构件的吊装顺序，构件出厂顺序与吊装顺序一致，保证现场吊装的有序进行。

装配式主体施工的构件主要有预制柱、叠合梁、剪力墙、楼板、楼梯以及阳台和雨篷等，具体的吊装顺序如图 4-1 所示。

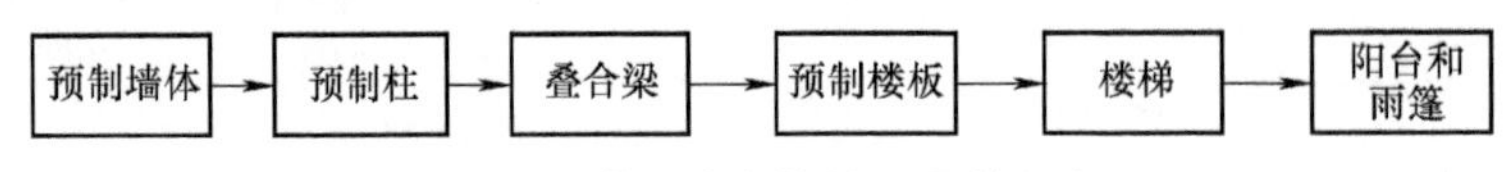

图 4-1　装配式主体施工吊装顺序

（3）标准层施工流程　外墙吊装顺序为先吊外立面转角处外墙，以转角处外墙作为其余外墙吊装的定位控制基准，PCF 板在两侧预制外墙板吊装并校正完成之后进行安装。

叠合梁、叠合板等按照预制外墙的吊装顺序分单元进行吊装，以单元为单位进行累积误差的控制。

各构件位置安放正确后，对现浇墙体及楼板进行钢筋绑扎（机电管线预埋），并浇筑和振捣混凝土，养护合格后拆模，继续下一层施工。

具体主体标准层施工流程如图 4-2 所示。

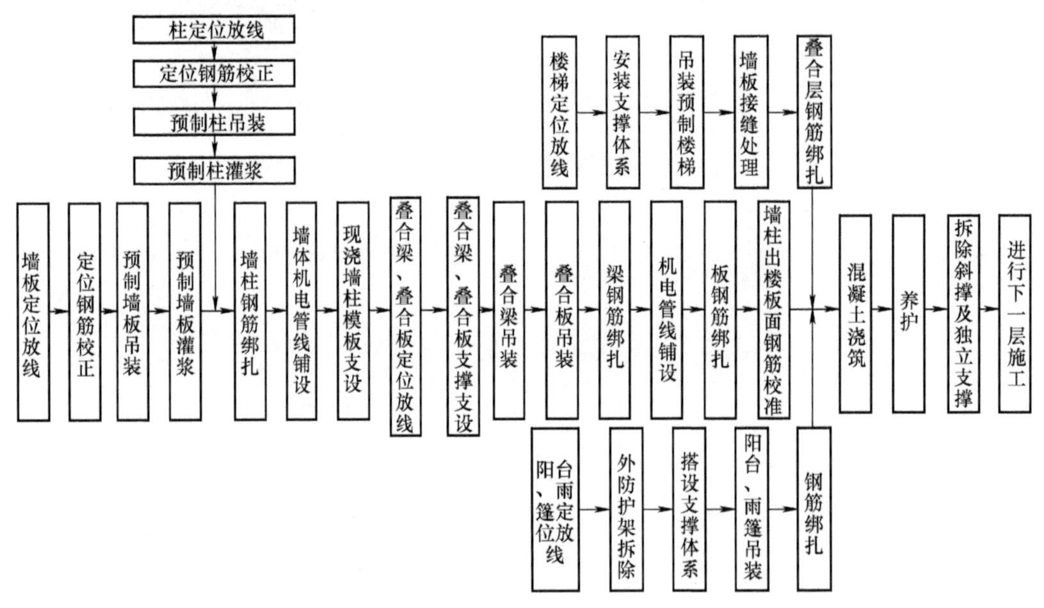

图 4-2　装配式主体标准层施工流程图

4. 预制构件安装及验收标准

（1）预制构件质量验收　预制构件的质量应符合《混凝土结构工程施工质量验收规范》（GB 50204—2015）和国家现行相关标准的规定以及设计的要求。部分标准化的预制构件（如空心板、屋面板等）有专门的产品标准，则质量验收尚应符合相关产品标准的规定。对于尺寸偏差、性能要求等，应按设计（包括标准设计图集）规定执行。具体验收项目见表 4-4。

表 4-4　预制构件质量验收项目表

序号	验收项目	验收要求
1	预制混凝土构件观感质量检验	满足要求
2	预制混凝土构件尺寸及其误差	满足要求
3	预制混凝土构件间结合构造	满足要求
4	预留连接孔洞的深度及垂直度	满足要求
5	灌浆孔与排气孔是否通畅	一一对应检查标识
6	预制混凝土构件端部各种线管出入口的位置	准确
7	吊装、安装预埋件的位置	准确
8	叠合面处理	符合要求

（2）预制构件结构性能验收　预制构件进场时，预制构件结构性能检验应符合表 4-5 的相关规定。

表 4-5　预制构件结构性能验收项目表

序号	验收项目	验收要求
1	预制混凝土构件的混凝土强度	符合设计要求
2	预制混凝土构件的钢筋力学性能	符合设计要求
3	预制混凝土构件的隐蔽工程验收	合格
4	预制混凝土构件的结构实体检验	合格

（3）预制构件安装检查标准　预制构件安装过程中应根据水准点和轴线校正位置，安装就位后应及时采取临时固定措施，并可通过临时支撑对构件的水平位置和垂直度进行微调。预制构件与吊具的分离应在校准定位及临时固定措施安装完成后进行。

根据预制构件不同安装部位，设置控制线，以满足预制构件安装与验收阶段的位置校验需求。根据不同部位弹线，叠合板标高控制在墙体上弹借线，水平位置控制在墙体上弹实线；预制阳台及空调挑板标高与水平控制线在墙体上设置，预制楼梯两侧控制线及标高设置在休息平台，前后方向控制线设置在墙体，在弹线完毕后要求项目部组织人员进行检验，并由监理人员进行监督。

在构件就位后，应先调整水平位置，再调整标高。预制构件就位校核与调整应符合下列规定：①预制墙板、预制柱等竖向构件安装后，应对安装位置、安装标高、垂直度进行校核与调整；②叠合板、预制梁等水平构件安装后应对安装位置、安装标高进行校核与调整；③水平构件安装后，应对相邻预制构件平整度、高低差、拼缝尺寸进行校核与调整；④装饰类构件应对装饰面的完整性进行校核与调整。

具体检验标准见表 4-6。

表 4-6　预制构件安装检查表

项目	允许偏差 /mm	检验方法
预制构件水平位置偏差	5	基准线和钢尺检查
预制构件标高偏差	±3	水准仪或拉线、钢尺检查
预制构件垂直度偏差	3	2m 靠尺或吊锤检查
相邻构件高低差	3	2m 靠尺和塞尺检查
相邻构件平整度	4	2m 靠尺和塞尺检查
板叠合面	无损害、无浮灰	观察检查

预制构件在吊装、安装就位和连接过程中的误差见表 4-7。

表 4-7　预制构件在吊装、安装就位和连接过程中的误差

项目		允许偏差 /mm	检查方法
构件的轴线位置	竖向构件（柱、墙板）	8	经纬仪及尺量
	水平构件（梁、楼板）	5	

（续）

项目			允许偏差 /mm	检查方法
标高	梁、柱、墙板、楼板底面或顶面		±5	水准仪或拉线、尺量
构件垂直度	墙板		5	经纬仪或吊线、尺量
构件倾斜度	梁		5	经纬仪或吊线、尺量
相邻构件平整度	梁、楼板底面	外露	3	2m 靠尺和塞尺测量
		不外露	5	
	墙板	外露	5	
		不外露	8	
构件搁置长度	梁、板		±10	尺量
支座、支垫中心位置	梁、板、墙板		10	尺量
墙板接缝宽度			±5	尺量

（4）临时固定措施　临时固定措施应按《混凝土结构工程施工规范》（GB 50666—2011）的有关规定进行施工验算，并完成施工方案。临时固定措施的安装质量应符合施工方案的要求。

临时固定措施的拆除应在装配式结构能达到后续施工承载要求后进行。采用临时支撑时，应符合下列规定：①每个预制构件的临时支撑不宜少于 2 道；②对预制柱、墙板的上部斜撑，其支撑点距离底部的距离不宜小于高度的 2/3，且不应小于高度的 1/2；③构件安装就位后，可通过临时支撑对构件的水平位置和垂直度进行微调；④临时支撑顶部标高应符合设计规定，尚应考虑支撑系统自身在施工荷载作用下的变形。

4.2　剪力墙施工

相对于现浇剪力墙而言，预制剪力墙可以将墙体完全预制或做成中空，剪力墙的主筋需要在现场完成连接，在预制剪力墙外表面反打上外保温及饰面材料。

预制剪力墙宜采用一字形，也可采用 L 形、T 形或 U 形；预制墙板洞口宜居中布置。楼层内相邻预制剪力墙之间连接接缝应现浇形成整体式接缝。

根据《装配式混凝土建筑技术标准》(GB/T 51231—2016）以及《混凝土结构工程施工质量验收规范》（GB 50204—2015）等相关规定，预制剪力墙墙板安装应符合下列规定。

1）与现浇连接的墙板宜先行吊装，其他墙板先外后内吊装。

2）吊装前，应预先在墙板底部设置抄平垫块或标高调节装置，采用灌浆套筒连接、浆锚连接的夹心保温外墙板应在外侧设置弹性密封封堵材料，多层剪力墙采用坐浆时应均匀铺设坐浆料。

3）墙板以轴线和轮廓线为控制线，外墙应以轴线和外轮廓线双控制。

4）安装就位后应设置可调斜撑作临时固定，测量预制墙板的水平位置、倾斜度、高度等，通过墙底垫片、临时斜支撑进行调整。

5）调整就位后，墙底部连接部位应采用相关措施进行封堵。

6）墙板安装就位后，进行后浇段处钢筋安装，墙板预留钢筋与后浇段钢筋网交叉点应全部扎牢。

4.2.1　预制剪力墙外墙

预制剪力墙构件按照先外墙板吊装再内墙板吊装的顺序进行，预制剪力墙外墙先吊外立面转角处外墙，以转角处外墙作为其余外墙吊装的定位控制基准。

1. 工艺流程

（1）预制剪力墙外墙及吊装（图 4-3）

图 4-3　预制剪力墙外墙及吊装示意图

（2）预制剪力墙外墙工艺流程（图 4-4）

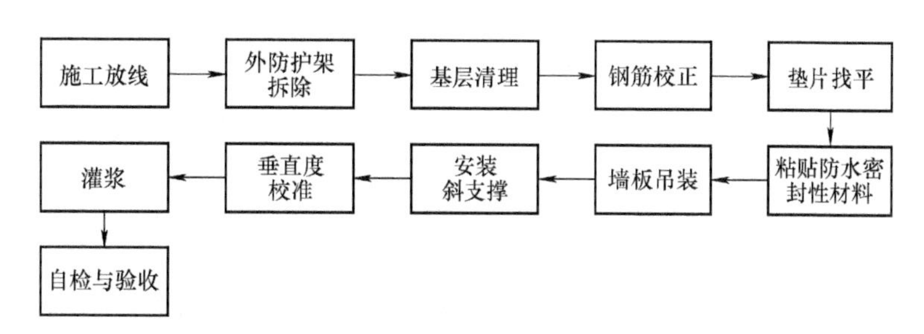

图 4-4　预制剪力墙外墙工艺流程图

1）施工放线。根据设计图纸要求在结构板上放线，将外墙板尺寸和定位线在结构板上标记出来，确保施工时外墙定位准确。施工放线如图 4-5 所示。

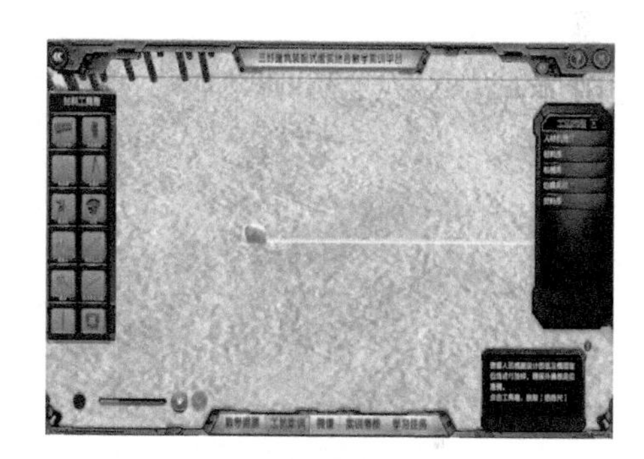

图 4-5　施工放线

2）外防护架拆除。外墙吊装前要拆除安全围栏，根据吊装情况随时拆除，不得提前拆除。拆除作业人员要系好安全带，外防护架拆除如图 4-6 所示。

3）基层清理。吊装前，需要将外墙结合面浮尘清理干净，进行拉毛处理，保证外墙结合处灌浆时能结合牢固。基层清理如图 4-7 所示。

图 4-6　外防护架拆除

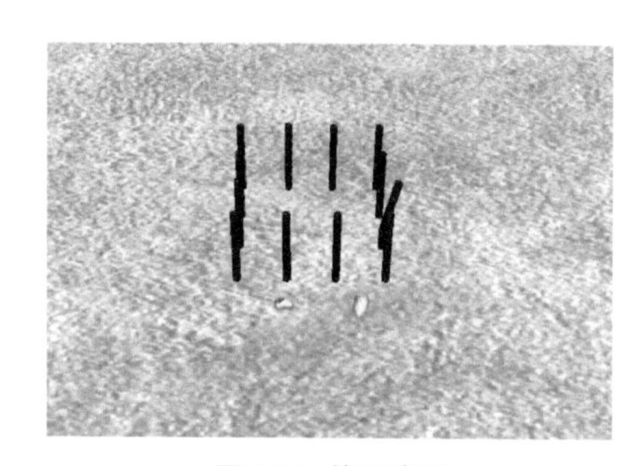

图 4-7　基层清理

4）钢筋校正。套板定位时专职测量放线员使用经纬仪和全站仪投放定位线，并用油漆做好标记，确保套板定位的准确，并及时复核放线的准确性。在施工前将各个型号的墙钢套板逐个分门别类，并保证每个都配置一块钢套板。按照图纸尺寸在钢套板表面印刻好轴线以及轴线编号，安放时将轴线与纵横轴线相对应，保证套板定位准确。套入钢套板后，根据钢套板的尺寸，调整歪斜钢筋，保证每个钢筋都在套板内，并垂直于楼面。钢筋校正如图 4-8 所示。

图 4-8　钢筋校正

5）垫片找平。用水准仪测量外墙结合面的水平高度，根据测量结果，选择合适厚度的垫片垫在外墙结合面处，确保外墙两端处于同一水平面。垫片找平如图 4-9 所示。

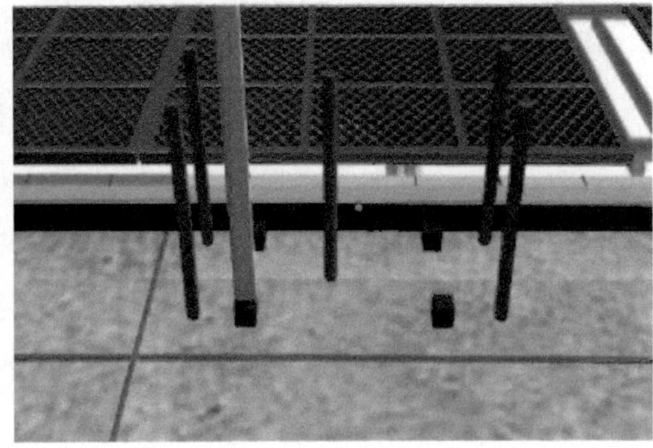

图 4-9　垫片找平

6）粘贴防水密封材料。上下两层外墙的保温层处，吊装前需要粘贴弹性防水密封材料，粘贴时注意平整顺直，粘贴牢固。粘贴防水密封材料如图 4-10 所示。

7）墙板吊装

① 外墙起吊前，需要将外防护架安装到外墙板上。外防护架采用螺栓连接，连接要牢固，以保证施工安全。

② 吊装构件前，将万向吊环和内螺纹预埋件拧紧，预制外墙板采用两点起吊，采用专用吊具起吊。起吊时轻起快吊，在距离安装位置 500mm 时停止构件下降。将一面小镜子放在外墙下方，以便施工人员观察外墙钢筋插孔是否对准。对准后缓缓降落，不可撞击钢筋，造成钢筋弯折。吊装外墙板如图 4-11 所示。

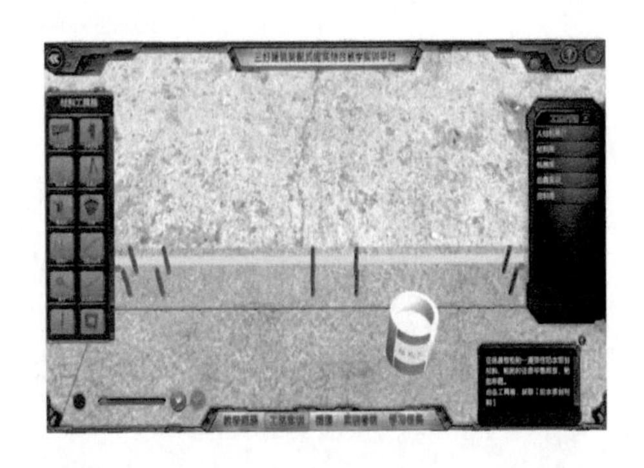

图 4-10　粘贴防水密封材料

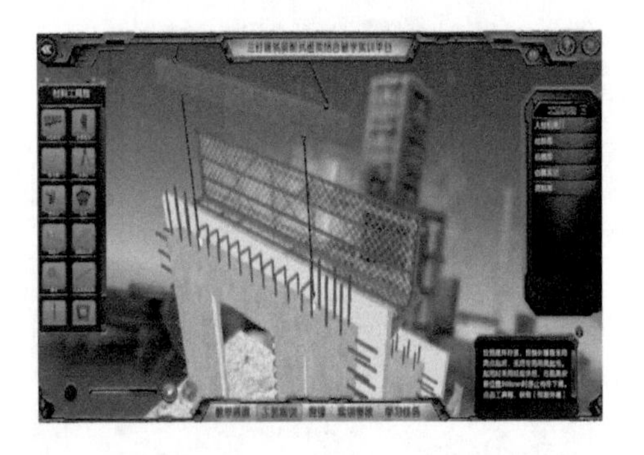

图 4-11　吊装外墙板

8）安装斜支撑。分别在墙板及楼板上的临时支撑预留螺母处安装支撑底座，支撑底座安装应牢固可靠，无松动现象。利用可调式支撑杆将墙体与楼面临时固定，每个构件至少使用两根斜支撑进行固定，并要安装在构件的同一侧面，确保构件稳定后方可摘除吊钩。安装斜支撑如图 4-12 所示。

图 4-12　安装斜支撑

9）垂直度校准。垂直度校准采用靠尺，对垂直度不满足要求的墙体，调节斜支撑杆，确保墙体垂直度在规定范围内。垂直度校准如图 4-13 所示。

10）灌浆。灌浆前需要先用砂浆封堵板缝，封堵要严密以确保灌浆时不会漏浆。灌浆采用灌浆机，将下排灌浆孔用圆胶塞封堵且只留一个，插入灌浆管进行灌浆，待浆液成柱状流出出浆孔时，封堵出浆孔。灌浆作业完成后24h内，构件和灌浆连接处不能受到振动或冲击作用。砂浆堵缝和灌浆如图4-14所示。

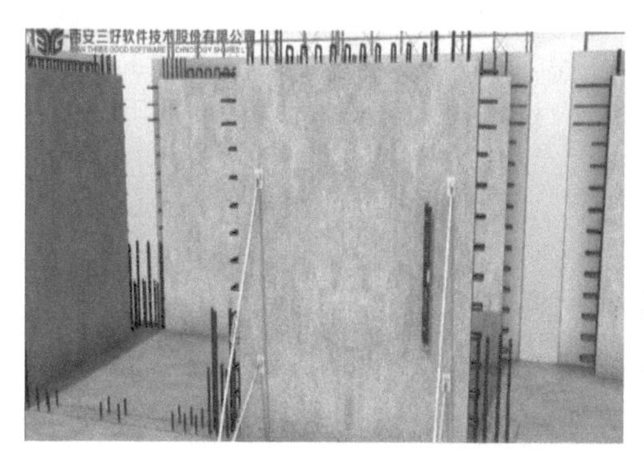

图4-13　垂直度校准

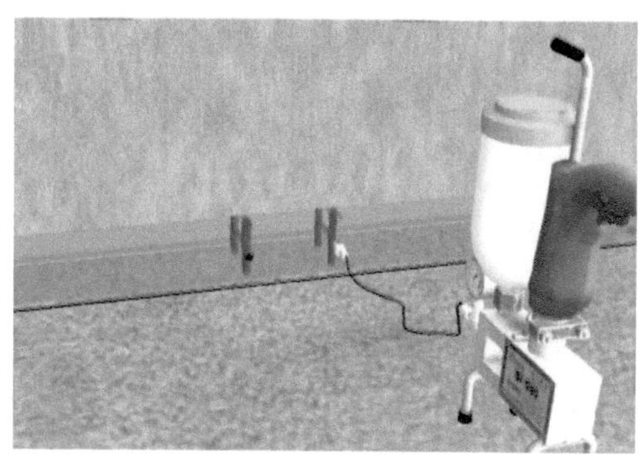

图4-14　砂浆堵缝和灌浆

2. 施工要点

（1）施工准备（具体施工器具、材料见4.1节）

1）工具：钢卷尺、外防护架、笤帚、钢筋定位框、镜子、靠尺等。

2）机械：灌浆机、水准仪、塔式起重机。

3）材料：砂浆、防水密封材料等。

（2）作业条件

1）下层楼面已施工完成，并达到设计强度。

2）预制剪力墙已进场，并验收合格。

（3）预制剪力墙（外墙）施工前准备　结构每层楼面轴线垂直控制点不应少于4个，楼层上的控制轴线应使用经纬仪由底层原始点直接向上引测，每个楼层应设置1个高程控制点，预制构件控制线应由轴线引出，每块预制构件应有纵横控制线2条；预制外墙挂板安装前应在墙板内侧弹出竖向与水平线，安装时应与楼层上该墙板控制线相对应。当采用饰面砖外装饰时，饰面砖竖向、横向砖缝应引测。贯通到外墙内侧来控制相邻板与板之间、层与层之间饰面砖砖缝对直；预制外墙板垂直度测量，4个角留设的测点为预制外墙板转换控制点，用靠尺以此4点在内侧进行垂直度校核和测量；应在预制外墙板顶部设置水平标高点，在上层预制外墙吊装时，应先垫垫块或在预制构件上预埋标高控制调节件。

3. 质量标准

（1）施工质量要求

1）在底部结构正式施工前，必须布设好上部结构施工所需的轴线控制点，所设的基准点组成一个闭合线，以便进行复合和校正。

2）楼层观测孔的施工放样，应在底层轴线控制点布设后，用线锤把该层底板的轴线基准点引测到顶板施工面，用此方法把观测孔位预留正确而确保工程质量。

3）用钢尺工作应进行钢尺鉴定误差、温度测定误差的修正，并消除定线误差、钢尺倾斜误差、拉力不均匀误差、钢尺对准误差、读数误差等。

4）每层轴线之间的偏差在 ±2mm 以内，层高垂直偏差在 ±2mm 以内。所有测量计算值均应列表，并应由计算人、复核人签字。在仪器操作上，测站与后视方向应用控制网点，避免转站而造成积累误差，定点测量应避免垂直角大于 45°，对易产生位移的控制点，使用前进行校核。在 3 个月内，必须对控制点进行校核，避免因季节变化而引起的误差。在施工过程中，要加强对层高和轴线以及净空平面尺寸的测量复核工作。

（2）墙板安装允许偏差（表 4-8）。

表 4-8　墙板安装允许偏差表

项次	项目名称	允许偏差 /mm	检查方法
1	轴线位置	3	用钢尺检查
2	楼层层高	± 5	用钢尺检查
3	全楼高度	± 20	用钢尺检查
4	墙面垂直度	5	用 2m 靠尺和水平尺检查
5	板缝垂直度	5	用 2m 靠尺和水平尺检查
6	墙板拼缝高差	± 5	用靠尺和塞尺检查
7	洞口偏移	8	吊线检查

（3）预制剪力墙外墙板校核和偏差调整

1）预制外墙挂板侧面中线及板面垂直度的校核，应以中线为主调整。

2）预制外墙板上下校正时，应以竖缝为主调整。

3）墙板接缝应以满足外墙面平整为主，内墙面不平或翘曲时，可在内装饰或内保温层内调整。

4）预制外墙板山墙阳角与相邻板的校正，以阳角为基准调整。

5）预制外墙板拼缝平整的校核，应以楼地面水平线为准调整。

（4）预制剪力墙外墙板连接接缝采用防水密封胶施工时的规定

1）预制外墙挂板连接接缝防水节点基层及空腔排水构造做法符合设计要求。

2）预制外墙挂板外侧水平、竖直接缝用防水密封胶封堵前，侧壁应清理干净，保持干燥。嵌缝材料应与挂板牢固粘结，不得漏嵌和虚填。

3）外侧竖缝及水平缝防水密封胶的注胶宽度、厚度应符合设计要求，防水密封胶应在预制外墙挂板校核固定后嵌填，先安放填充材料，然后注胶。防水密封胶应均匀顺直，饱满密实，表面光滑连续。

4）外墙挂板“十”字拼缝处的防水密封胶注胶应连续完成。

4.2.2　预制剪力墙内墙

预制内墙在工程预制中可以预埋管线，减少现场二次开槽，降低现场工作量。预制剪力墙外墙吊装完毕后，进行预制剪力墙内墙的吊装。

1. 工艺流程

（1）预制剪力墙内墙示意图（图 4-15）

图 4-15　预制剪力墙内墙示意图

（2）预制剪力墙内墙施工工艺流程（图 4-16）

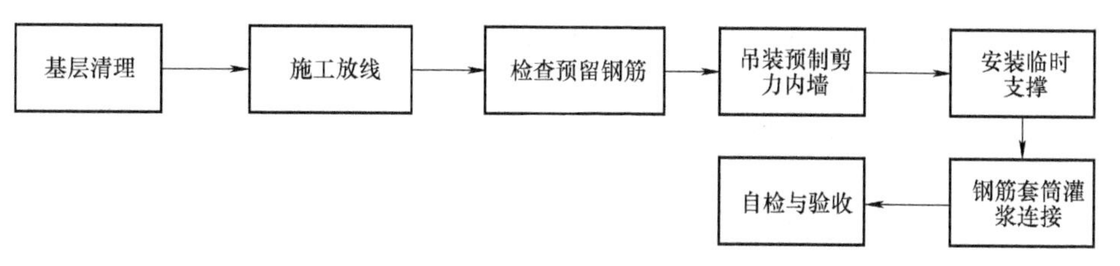

图 4-16 预制剪力墙内墙施工工艺流程图

1）基层清理。吊装前，需要将内墙结合面浮层清理干净，并进行拉毛处理，确保内墙结合处灌浆时能结合牢固。基层清理如图 4-17 所示。

2）施工放线。根据设计图纸要求在结构板上放线，将内墙板尺寸和定位线在结构板上标记出来，确保施工时内墙定位准确。施工放线如图 4-18 所示。

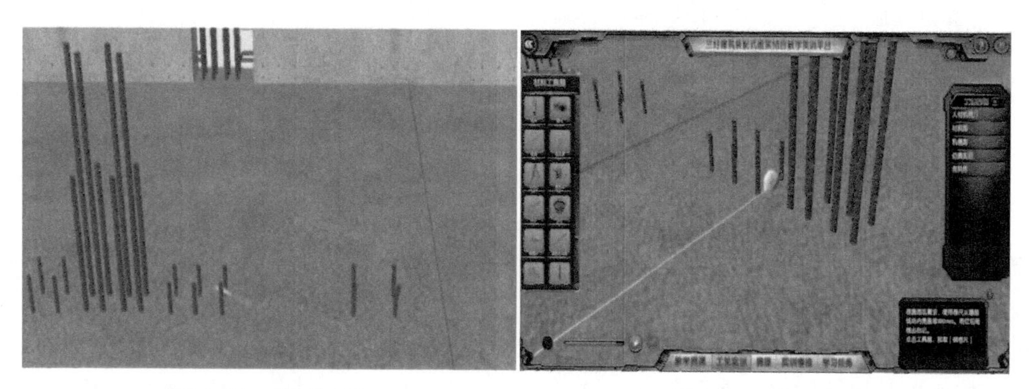

图 4-17 基层清理　　图 4-18 施工放线

3）检查预留钢筋。套板定位时专职测量放线员使用经纬仪和全站仪投放定位线，并用油漆做好标记，确保套板定位的准确，并及时复核放线的准确性。施工前将各个型号的墙钢套板逐个分门别类，并保证每个都配置一块钢套板。按照图纸尺寸在钢套板表面印刻好轴线以及轴线编号，安放时将轴线与纵横轴线相对应，保证套板定位准确。套入钢套板后，根据钢套板的尺寸，调整歪斜钢筋，保证每个钢筋都在套板内，并垂直于楼面。检查预留钢筋如图 4-19 所示。

4）垫片找平。用水准仪测量内墙结合面的水平高度，根据测量结果，选择合适厚度的垫片垫在内墙结合面处，确保内墙两端处于同一水平面。垫片找平如图 4-20 所示。

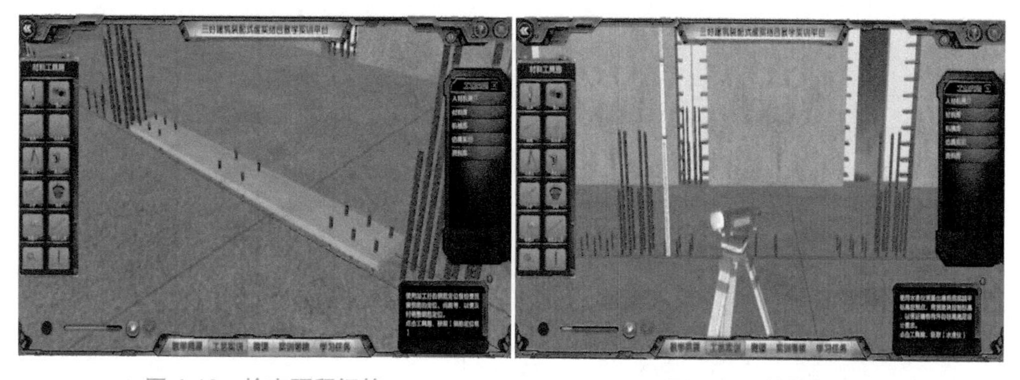

图 4-19 检查预留钢筋　　图 4-20 垫片找平

5）墙板吊装。吊装构件前，将万向吊环和内螺纹预埋件拧紧，预制墙板采用两点起吊，采用专用吊具起吊。起吊时轻起快吊，在距离安装位置 500mm 时停止构件下降。将一面小镜子放在墙板下方，以便施工人员观察墙钢筋插孔是否对准。对准后缓缓降落，不可撞击钢筋，以免造成钢筋弯折。构件安装就位后应与预先弹放的控制线吻合。吊装内墙板如图 4-21 所示。

6）安装斜支撑。分别在墙板及楼板上的临时支撑预留螺母处安装支撑底座，支撑底座安装应牢固可靠，无松动现象。利用可调式支撑杆将墙体与楼面临时固定，每个构件至少使用两根斜支撑进行固定，并要安装在构件的同一侧面，确保构件稳定后方可摘除吊钩。安装斜支撑如图 4-22 所示。

7）垂直度校准。垂直度校准采用靠尺，对垂直度不满足要求的墙体，调节斜支撑杆，确保墙体垂直度在规定范围内。垂直度校准如图 4-23 所示。

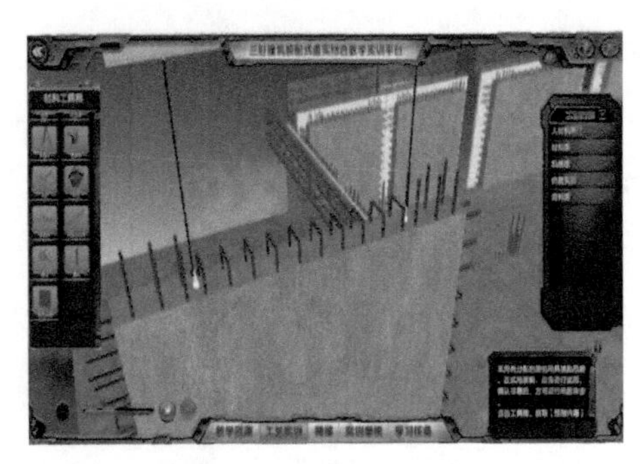

图 4-21　吊装内墙板

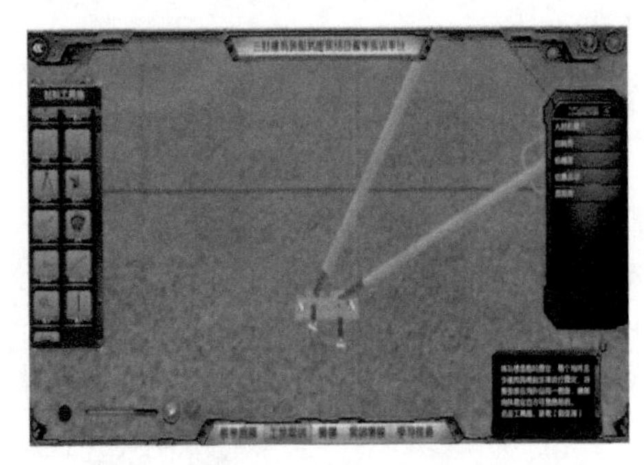

图 4-22　安装斜支撑

图 4-23　垂直度校准

8）灌浆

① 搅拌。高强灌浆料是以高强度材料为骨料，以水泥作为结合剂，辅以高流态、微膨胀、防离析等物质配制而成，在施工现场加入一定量的水，搅拌均匀后即可使用。水必须称量后加入，精确至 0.1kg，拌合用水应采用饮用水，使用其他水源时应符合《混凝土用水标准》(JGJ 63—2006）的规定。灌浆料的加水量一般控制在 13% ~ 15% 之间 [重量比为灌浆料：水 =1:（0.13 ~ 0.15）]。根据工程具体情况可由厂家推荐加水量，原则为不泌水，流动度不小于 270mm（不振动自流情况下）。高强无收缩灌浆料的拌和采用手持式搅拌机搅拌，搅拌时间为 3~5 分钟。搅拌完的拌合物，随停放时间增长，其流动性降低。灌浆料自加水算起应在 40 分钟内用完。灌浆料未用完应丢弃，不得二次搅拌使用。灌浆料中严禁加入任何外加剂或外掺剂。

②灌浆。将搅拌好的灌浆料倒入螺旋式灌浆泵，开动灌浆泵，控制灌浆料流速为 0.8 ~ 1.2L/min，待灌浆料从压力软管中流出，插入钢套管灌浆孔中，应从一侧灌浆，灌浆时必须考虑排除空气，两侧及以上同时灌浆会窝住空气，形成空气夹层。从灌浆开始，可用竹劈子疏导拌合物，这样可以加快灌浆进度，促使拌合物流进模板内各个角落。灌浆过程中，不准使用振捣器振捣，以确保灌浆层匀质性。灌浆开始后，必须连续进行，不能间断，并尽可能缩短灌浆时间。在灌浆过程中发现已灌入的拌合物有浮水时，应当马上灌入较稠的拌合物，使其吸收浮水。当有灌浆料从钢套管溢浆孔溢出时，用橡皮塞堵住溢浆孔，直至所有钢套管中灌满灌浆料，停止灌浆。

塞缝和灌浆如图 4-24 所示。

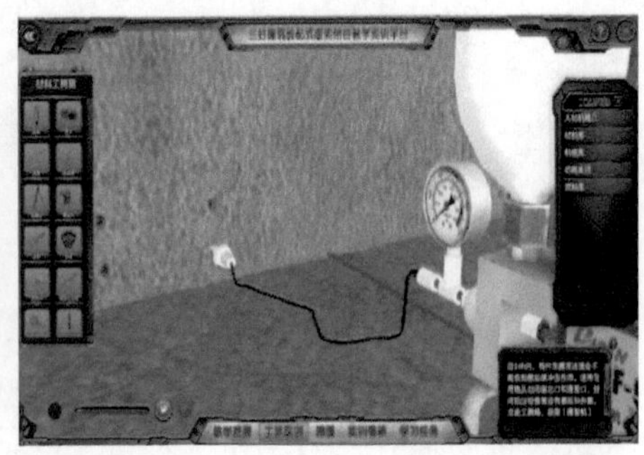

图 4-24　塞缝和灌浆

2. 施工要点

（1）施工准备（详见 4.1 节）

1）工具：钢卷尺、墨斗、钢套板、斜支撑、靠尺、灰铲、吊环、撬棍、镜子等。

2）机械：塔式起重机、水准仪、灌浆机等。

3）材料：砂浆、圆胶塞。

（2）作业条件

1）基础底板已按要求施工完毕，混凝土强度达到 70% 以上，并经建设单位专业工程师和监理工程师验收合格。

2）相关材料机具准备齐全，作业人员到岗。

3）预制剪力墙已进场，并验收合格。

3. 质量标准

（1）施工质量要求　与预制剪力墙外墙施工质量要求一致（详见 4.2.1 节）。

（2）内墙、内隔板墙安装质量验收标准（表 4-9）。

表 4-9　内墙、内隔板墙安装质量验收标准

项目		允许偏差 /mm	检验方法
内墙板、内隔墙板强度		符合设计要求	按设计
内墙板、内隔墙板规格、型号		符合设计要求	按设计
内墙板、内隔墙板安装	安装标高	±3	钢尺和水准仪检查
	轴线偏位	3	钢尺检查
	垂直度	5	用 2m 靠尺和钢尺检查
	预留管线洞口	5	钢尺检查
	斜支撑	大于 2m，小于 4m，用 2 根； 大于 4m，小于 6m，用 3 根； 大于 6m，用 4 根	现场逐根检查紧固情况
	自攻螺钉	斜撑杆墙上 1 颗，楼面 2 颗	现场逐根检查紧固情况
	限位板	跟斜支撑同侧	每墙 2 个，逐一墙面检查
	垫块	按最少块数配置原则	垫块搭配误差小于 1mm
	墙缝	±5	钢尺检查

4.2.3　单层叠合钢筋混凝土剪力墙

叠合剪力墙是由两块预制混凝土墙板通过钢筋桁架、型钢等连接成具有中间空腔的构件，现场安装固定后，中间空腔内后浇混凝土形成的整体受力的剪力墙。分为夹心保温单面叠合剪力墙和双面叠合剪力墙。

夹心保温单面叠合剪力墙是由内侧带有保温层的外叶预制混凝土墙板、内叶预制混凝土墙板与中间空腔后浇混凝土共同组成的叠合剪力墙，其中内叶板与中间空腔后浇混凝土整体受力，外叶板不参与叠合受力，仅作为施工时的一侧模板或保温层的外保护板。

双面叠合剪力墙的两侧预制板均参与叠合，与中间空腔的后浇混凝土共同受力形成叠合剪力墙。

1. 工艺流程

（1）单层叠合钢筋混凝土剪力墙吊装示意图（图 4-25）

图 4-25　单层叠合钢筋混凝土剪力墙吊装示意图

（2）单层叠合钢筋混凝土剪力墙施工工艺流程（图 4-26）

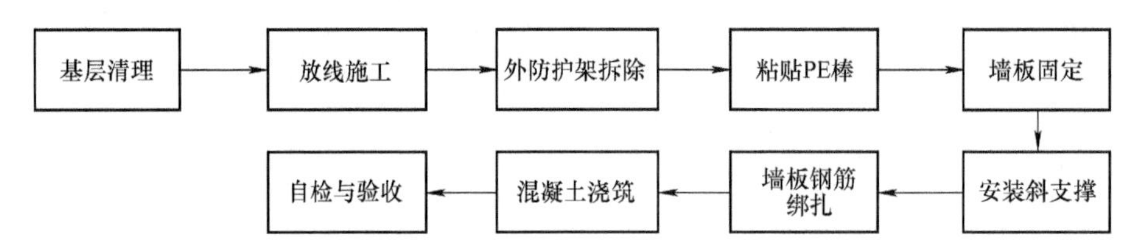

图 4-26　单层叠合钢筋混凝土剪力墙施工工艺流程图

1）基层清理。清理干净吊装面的卫生，并将楼边表面浮浆铲除。基层清理如图 4-27 所示。

2）施工放线。根据楼层控制线及图纸设计尺寸定位，准确放出墙体定位线和 200mm 控制线。用墨斗弹出，放线要精准，并要复核。施工放线如图 4-28 所示。

图 4-27　基层清理

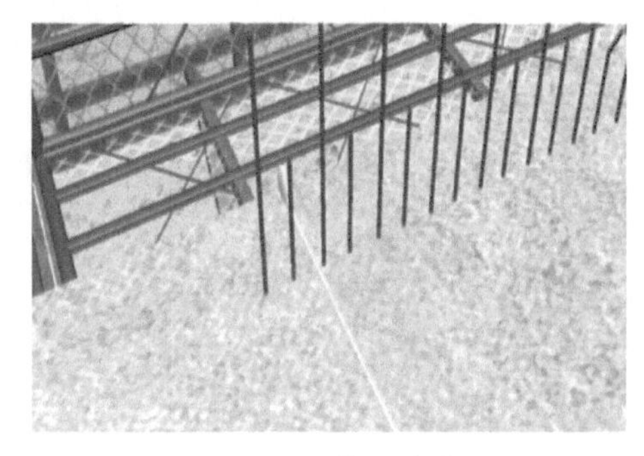

图 4-28　施工放线

3）外防护架拆除。拆除外防护架时，施工人员需要系好安全带，并将安全带固定到稳定牢固的地点。外防护架下不得站人，防止拆除时有杂物坠落。拆除顺序根据吊装顺序，随时拆除，不得提前拆除，以防发生意外。外防护架拆除如图 4-29 所示。

4）粘贴 PE 棒。单层叠合墙预制部分与楼板面相接部分需要粘贴 PE 棒，PE 棒粘贴应顺直，且粘贴牢固，如图 4-30 所示。

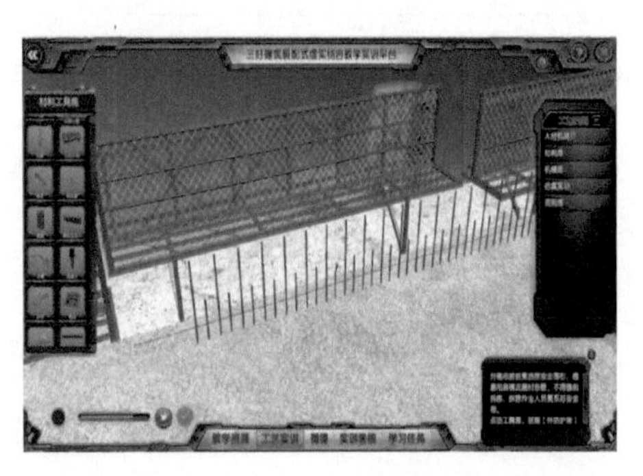

图 4-29　外防护架拆除

图 4-30　粘贴 PE 棒

5）墙板吊装。单层叠合墙吊装采用专用的吊架，吊环预埋在叠合墙的预制部分，吊口朝上，吊装采用两点起吊，起吊时轻起快吊，在距离安装位置 500mm 时停止构件下降。用笤帚清理粘接面的灰层。落位要准确，当墙板与定位线误差较大时，应重新将板吊起调整。当误差较小时，可用撬棍调整到准确位置。墙板吊装如图 4-31 所示。

图 4-31　墙板吊装

6）墙板固定。墙板下方与楼板相连的位置采用角码固定，预制墙板提前预留螺栓孔，楼板位置用电钻打孔，放入膨胀管，用角码进行固定。相邻两板之间粘贴防水胶带，用横向连接片固定。墙板固定如图 4-32 所示。

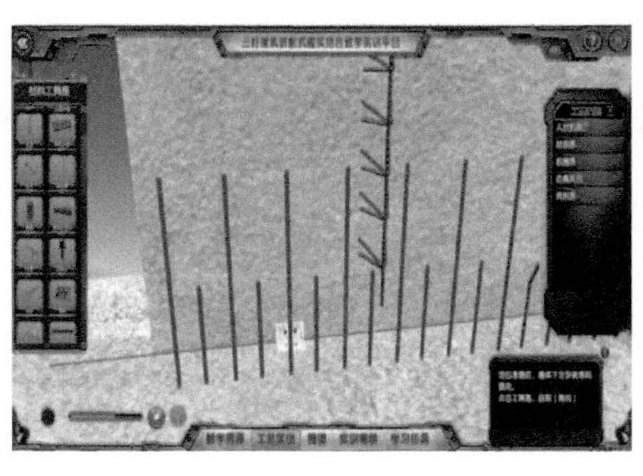

图 4-32 墙板固定

7）安装斜支撑。墙板上方采用斜支撑固定，分别在墙板及楼板上的临时支撑预留螺母处安装支撑底座，支撑底座应安装牢固可靠，无松动现象。利用可调式支撑杆将墙体与楼面临时固定，每个构件至少使用两根斜支撑进行固定，并要安装在构件的同一侧面，确保构件稳定后方可摘除吊环。使用靠尺对墙体的垂直度进行检查，对垂直度不符合要求的墙体，旋转斜支撑杆，直到构件垂直度符合规范要求。安装斜支撑如图 4-33 所示。

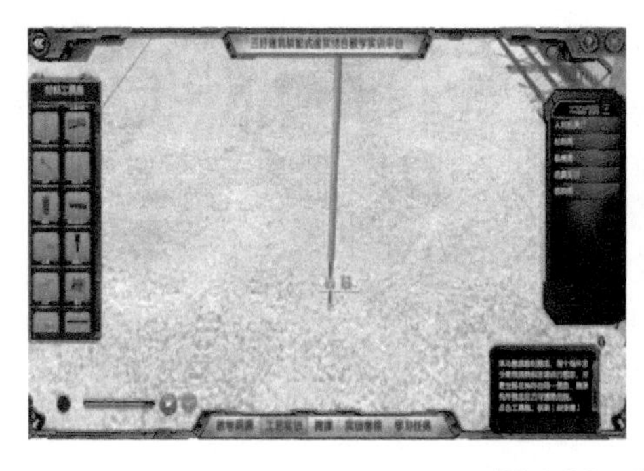

图 4-33 安装斜支撑

8）墙板钢筋绑扎。墙板钢筋绑扎前需要检查预留钢筋，若有间距不均匀、钢筋歪斜的情况应及时调整。墙板钢筋绑扎如图 4-34 所示。

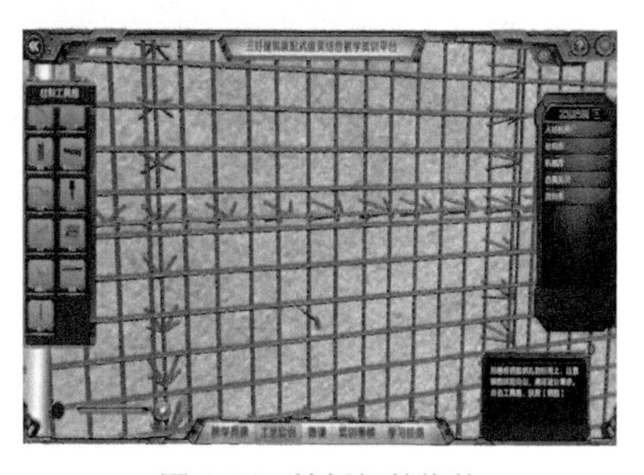

图 4-34 墙板钢筋绑扎

9）混凝土浇筑。钢筋绑扎完成后，需要经监理验收合格，方可进行下一步工序。单层叠合墙采用大钢模板，模板采用拼接，连接位置用螺栓连接，避开斜支撑杆，支撑座位置可以用海绵条封堵，防止漏浆。混凝土浇筑采用逐层浇筑，注意不要出现漏浆，振捣要密实。若产生胀模、爆模情况，应及时处理。支模和混凝土浇筑如图 4-35 所示。

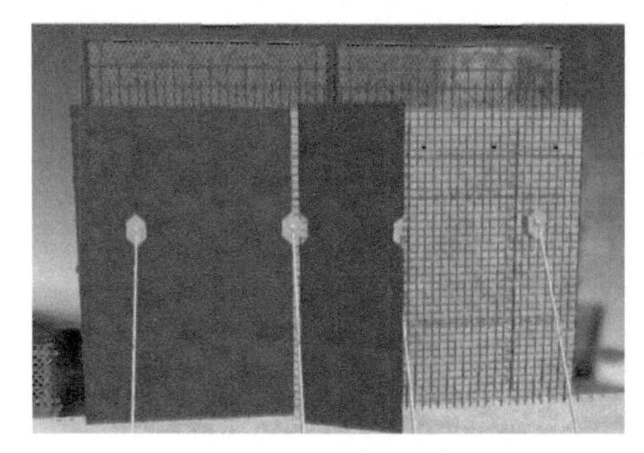

图 4-35 支模和混凝土浇筑

10）养护。浇筑完成后拆除模板，应及时洒水养护，养护时间不少于 7d，如图 4-36 所示。

2. 施工要点

（1）施工准备（详见 4.1 节）

1）工具：钢卷尺、斜支撑、外防护架、水管、靠尺、扳手、笤帚等。

2）机械：塔式起重机。

3）材料：混凝土、单层叠合钢筋混凝土剪力墙、钢筋、模板、角码、横向连接片、PE 棒。

（2）作业条件

1）楼面施工完成。

2）楼面混凝土达到设计等级。

3）预制构件到场并检验合格。

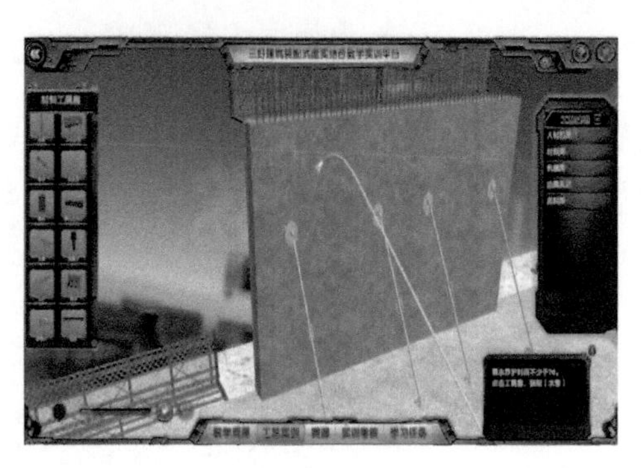

图 4-36　养护

3. 质量标准

与预制剪力墙外墙施工质量要求一致，详见 4.2.1 节。

4.2.4　双层叠合钢筋混凝土剪力墙

双层叠合钢筋混凝土剪力墙内外两侧预制，通过桁架钢筋连接，中间是空腔，现场浇筑自密实混凝土。现场安装后，上下构件的竖向钢筋和左右构件的水平钢筋在空腔内布置、搭接，然后浇筑混凝土形成实心墙体。

1. 工艺流程

（1）双层叠合钢筋混凝土剪力墙示意图（图 4-37）

图 4-37　双层叠合钢筋混凝土剪力墙示意图

（2）双层叠合钢筋混凝土剪力墙施工工艺流程（图 4-38）

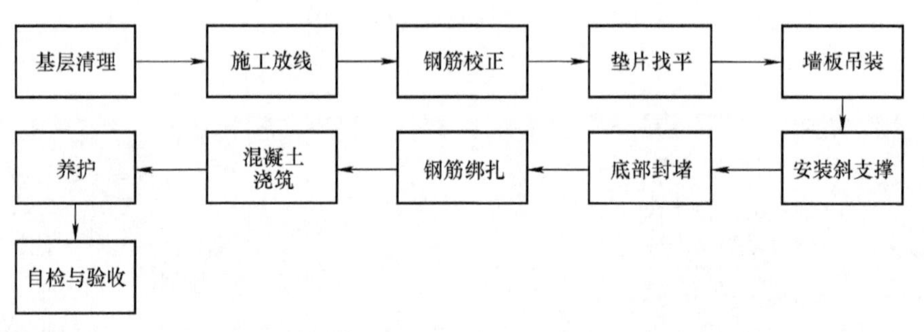

图 4-38　双层叠合钢筋混凝土剪力墙施工工艺流程图

1）基层清理。清理干净吊装面的卫生，并将楼边表面浮浆铲除，如图 4-39 所示。

2）施工放线。清洁结合面，根据定位轴线，在已施工完成的楼层板上放出预制墙体定位边线和 200mm 控制线，并做一个 200mm 控制线的标识牌，用于现场标注说明该线为 200mm 控制线，方便施工操作及墙体控制。施工放线如图 4-40 所示。

图 4-39 基层清理

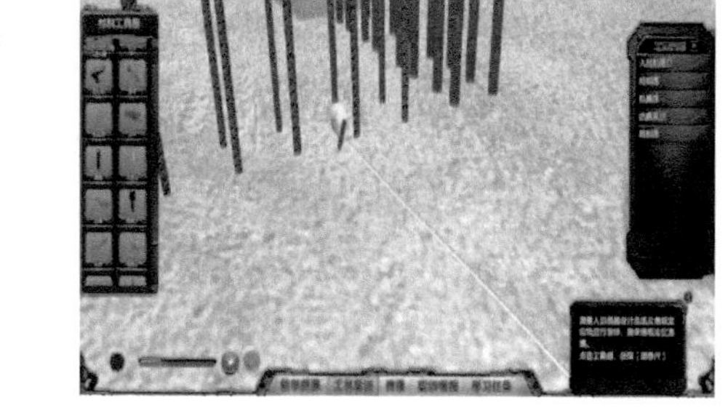

图 4-40 施工放线

3）预制墙板起吊。吊装时设置两名信号工，起吊处一名，吊装楼层上一名。另外墙吊装时配备一名挂钩人员，楼层上配备 3 名安放及固定外墙人员。

吊装前由质量负责人核对墙板型号、尺寸，质量检查无误后，由专人负责挂钩，待挂钩人员撤离至安全区域后，由下面信号工确认构件四周安全情况，确认无误后进行试吊，指挥缓慢起吊，起吊距离地面 0.5m 左右，塔式起重机起吊装置确定安全后，继续起吊。吊装双层叠合钢筋混凝土剪力墙如图 4-41 所示。

4）支撑体系安装。墙体停止下落后，由专人安装斜支撑和七字码，利用斜支撑和七字码固定并调整预制墙体，确保墙体安装的垂直度，构件调整完成，并复核构件定位及标高无误后，由专人负责摘钩。斜支撑最终固定前，不得摘除吊钩。预制墙体上需预埋螺母，以便斜支撑固定。安装斜支撑如图 4-42 所示。

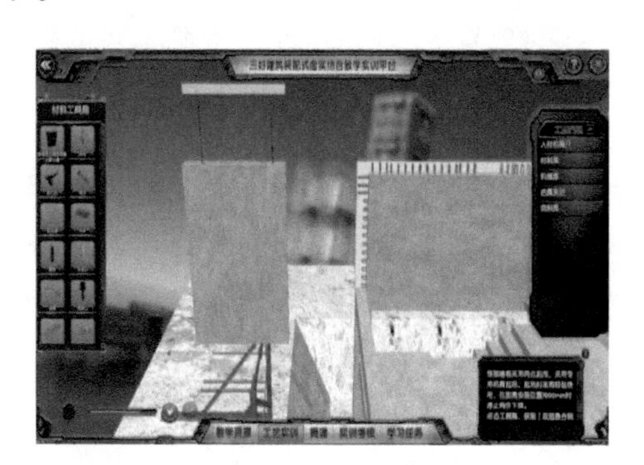

图 4-41 吊装双层叠合钢筋混凝土剪力墙

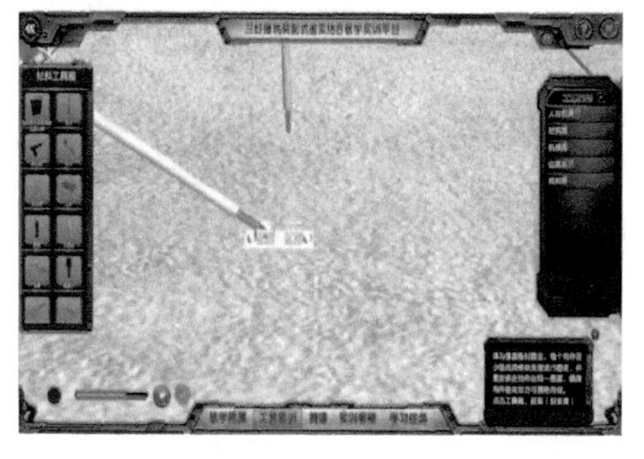

图 4-42 安装斜支撑

5）钢筋工程

① 钢筋搭接、锚固要按照结构设计说明及相关设计图纸要求，并符合施工质量验收规范要求。

② 钢筋需要合理布置，用铁丝绑扎牢固，相邻梁的钢筋尽量拉通，以减少钢筋的绑扎接头，必要时翻样人员会同技术员先根据图纸绘出大样，然后再加工绑扎。梁箍筋接头交错布置在两根架立钢筋上，板、次梁、主梁上下钢筋排列要严格按图纸和规范要求布置。

③ 每层结构柱头、墙板竖向钢筋，在板面上要确保位置准确无偏差，该工作需钢筋翻样、协同复核。如个别有少量偏位或弯曲时，应及时在本层楼顶板面上校正偏差，确保钢筋垂直度。确保竖向钢筋不偏位的方法：柱在每层板面上的竖向筋应扎不少于 3 支柱箍，最下一支柱箍必须与板面梁筋点焊固定。对于墙板插筋，应在板面上 500mm 高范围内，扎好不少于三道水平筋，并扎好“S”钩撑铁。

④ 主次梁钢筋交错施工时，一般情况下次梁钢筋均搁置于主梁钢筋上，为避免主次梁相互交接时，交接部位节点偏高，造成楼板偏厚，中间梁部分部位采取次梁主筋穿于主梁内筋内侧。上述钢筋施工时，总体确保钢筋相叠处不得超过设计高度。遇到复杂情况时，需会请甲方、设计、监理到场处理解决。

⑤ 梁主筋与箍筋的接触点全部用铁丝扎牢，墙板、楼板双向受力钢筋的相互交点必须全部扎牢。上述非双向配置的钢筋相交点，除靠近外围两行钢筋的相交点全部扎牢外，中间可按梅花形交错绑扎牢固。

⑥ 梁和柱的箍筋应与受力钢筋垂直设置。箍筋弯钩叠合处，应沿受力钢筋方向错开设置（梁箍弯钩设置在上铁位置并左右交错，柱箍转圈设置），箍筋弯钩必须为 135°，且弯钩长度必须满足 10d。

图 4-43　墙板钢筋绑扎

⑦ 钢筋搭接处，应在中心和两端用铁丝扎牢，钢筋绑扎网必须顺直，严禁扭曲。

⑧ 钢筋绑扎施工时墙和梁可先在单边支模后，再按顺序扎筋，钢筋绑扎完成后，由班长填写“自检、互检”表格，请专职质量员验收；项目质量员及钢筋翻样人员严格按施工图和规范要求进行验收，验收合格后，再分区分批逐一请监理验收。

墙板钢筋绑扎如图 4-43 所示。

6）混凝土工程

① 为保证混凝土质量，主管混凝土浇捣的人员一定要明确每次浇捣混凝土的级配、方量，以便混凝土搅拌站能严格控制混凝土原材料的质量要求，并备足原材料。

② 严格把控好原材料质量关，碎石、水泥、砂及外掺剂等均要达到国家规范规定的标准，及时与混凝土供应单位沟通信息。

③ 对不同混凝土浇捣，采用先浇捣墙、柱混凝土，后浇捣梁、板混凝土。并保证在墙、柱混凝土初凝前完成梁、板混凝土的覆盖浇捣。混凝土配制采用缓凝技术，入模缓凝时间控制在 6 小时。对高低强度等级混凝土用同种外掺剂，保证交接面质量。

④ 及时了解天气情况，浇筑混凝土需连续施工时尽量避免大雨天。施工现场应准备足够数量的防雨物资（如塑料薄膜、油布、雨衣等）。如果混凝土施工过程中下雨，应及时遮蔽，雨过后及时做好面层的处理工作。

⑤ 混凝土浇捣前，施工现场先做好各项准备工作，机械设备、照明设备等应事先检查，保证完好符合要求；模板内的垃圾和杂物要清理干净，木模部位要隔夜浇水保湿；搭设硬管支架，着重做好加固工作；做好交通、环保等对外协调工作，确定行车路线；制定浇捣期间的后勤保障措施。

混凝土浇筑及养护如图 4-44、图 4-45 所示。

图 4-44　混凝土浇筑

图 4-45　养护

2. 施工要点

（1）施工准备（详见 4.1 节）

1）工具：钢卷尺、斜支撑、射钉枪、水管、笤帚、扳手、靠尺等。

2）机械：水准仪、布料机、塔式起重机。

3）材料：混凝土、双层叠合钢筋混凝土剪力墙、钢筋、模板、木方。

（2）作业条件

1）预制构件提前进场，并经过验收合格。

2）楼层地面已经施工完毕，验收合格。

3）场地清理干净，具备施工条件。

3. 质量标准

在吊装中，预制墙体的标高和垂直度是控制墙体吊装的重点，准确控制标高和垂直度可以提升吊装的速度，大大提高施工效率。

1）在后浇段甩出钢筋上面抄出标高控制线。

2）根据标高控制线放置垫铁，垫铁选择 2～3mm 厚。根据现场实际情况，依据标高选择垫铁数量，使墙板能达到标高要求。

3）墙板依据所弹墨线放置好后，依据标高控制线测量到墙顶尺寸。校核预制墙体的标高，校核无误后，方可松开吊钩。

4）当预制墙体吊装就位，标高控制准确后，开始加设斜支撑。在加设斜支撑时，利用斜支撑调好墙体的垂直度。在调节斜支撑时必须两名工人同时间、同方向进行操作，分别调节两根斜撑杆，与此同时要有一名工人拿 2m 靠尺反复测量垂直度，直到调整满足要求为止（依据规范要求垂直度偏差需满足≤ 5mm）。

5）吊装工作完成后再吊装下一块预制墙体。

4.3 预制钢筋混凝土柱施工

装配整体式中一般部位的框架柱采用预制柱，重要或关键部位的框架柱应现浇，如穿层柱、跃层柱、斜柱、高层框架结构中地下室部分以及首层柱。

1. 一般规定

根据《装配式混凝土建筑技术标准》（GB/T 51231—2016）以及《混凝土结构工程施工质量验收规范》（GB 50204—2015）等相关规定，预制柱安装应符合下列规定。

1）安装顺序应按吊装方案进行，方案未明确要求的宜按照角柱、边柱、中柱顺序进行安装，与现浇结构连接的柱先行吊装。

2）就位前应预先设置柱底抄平垫块，控制柱安装标高。

3）预制柱的就位以轴线和外轮廓线为控制线，对于边柱和角柱，应以外轮廓线控制为准。

4）预制柱安装就位后应在两个方向设置可调斜支撑作临时固定，并应进行标高、垂直度、扭转调整和控制。

5）采用灌浆套筒连接的预制柱调整就位后，柱脚连接部位应采用相关措施进行封堵。

2. 工艺流程

（1）预制钢筋混凝土柱及吊装示意图（图 4-46）

图 4-46 预制钢筋混凝土柱及吊装示意图

（2）预制钢筋混凝土柱施工工艺流程　预制钢筋混凝土柱从工厂预制后，运输至施工现场，经过质量检查合格和相关施工准备，利用吊装机械将其准确吊装至指定位置，具体工艺流程如图 4-47 所示。

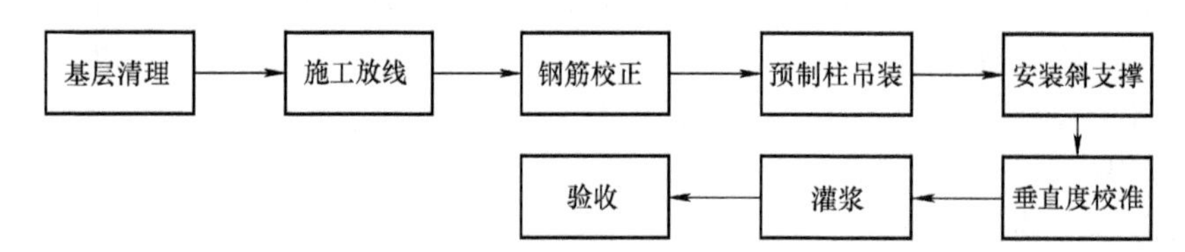

图 4-47　预制钢筋混凝土柱施工工艺流程图

1）基层清理。用铲刀铲去交接面浮浆，然后用笤帚清扫干净，必要情况下可以用清水冲洗，但不能在交接面有存水情况出现，确保灌浆时可以粘接牢固。基层清理如图 4-48 所示。

2）施工放线。根据楼层已知控制线，放出预制柱的定位线和 200mm 控制线，放线要精准，因为装配式结构以拼接为主，若出现较大误差，就有可能造成框架梁无法拼接对准。施工放线如图 4-49 所示。

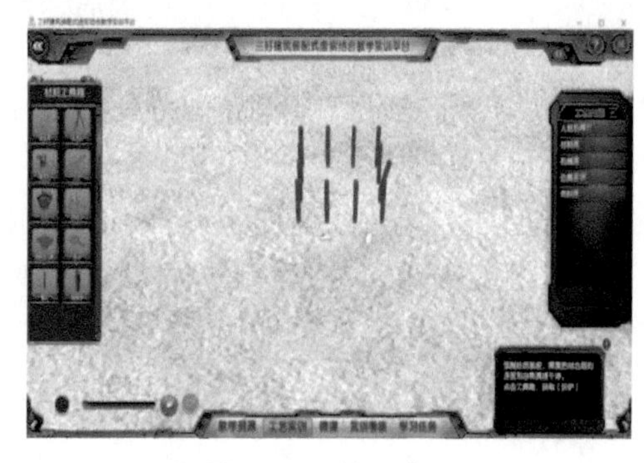

图 4-48　基层清理

图 4-49　施工放线

3）钢筋校正。将预先加工定制的钢筋定位框套入楼面预留的钢筋上，对有歪斜的钢筋使用扳手或者钢套管进行校正，不得弯折钢筋，若出现钢筋偏差过大的情况，可以将偏斜钢筋处的混凝土铲除，从楼面以下调整钢筋位置，然后用高强度等级混凝土修补。钢筋校正如图 4-50 所示。

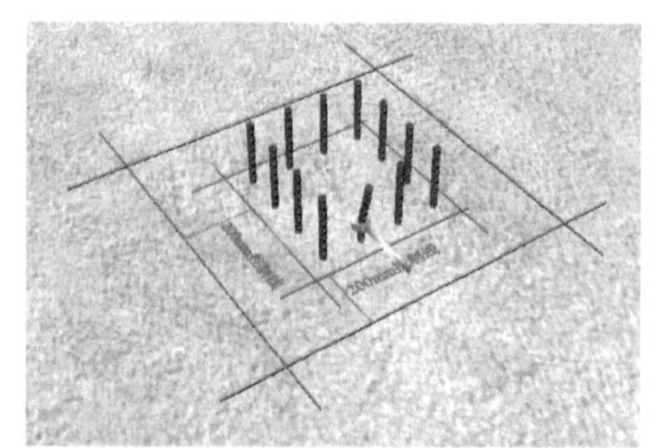

图 4-50　钢筋校正

4）垫片找平。用水准仪测量外墙结合面的水平高度，根据测量结果，选择合适厚度的垫片在外墙结合面处，确保外墙两端处于同一水平面。垫片找平如图 4-51 所示。

5）预制柱吊装。吊装前，将 U 形卡与柱顶预埋吊环连接牢固，预制柱采用两点起吊，起吊时轻起快吊，在距离安装位置 500mm 时停止构件下降。将镜子放在柱下面，吊装人员手扶预制柱缓缓降落，确保钢筋对孔准确。预制柱吊装如图 4-52 所示。

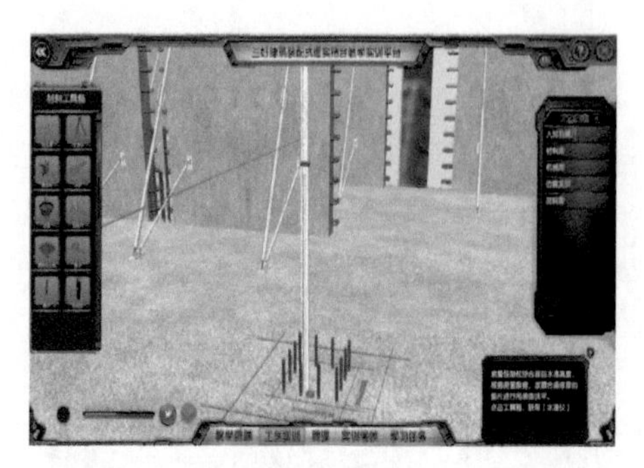

图 4-51　垫片找平

图 4-52　预制柱吊装

6）安装斜支撑。分别在柱及楼板上的临时支撑预留螺母处安装支撑底座，支撑底座安装应牢固可靠，无松动现象。利用可调节式支撑杆将预制柱与楼面临时固定，每个构件至少使用两根斜支撑进行固定，并要安装在构件的两个侧面，确保斜支撑安装后与楼板平面成 90°，确保构件稳定后方可摘除吊环。安装斜支撑如图 4-53 所示。

7）垂直度校准。使用靠尺对柱的垂直度进行检查，对垂直度不符合要求的墙体，旋转斜支撑杆，直到构件垂直度符合规范要求。垂直度校准如图 4-54 所示。

图 4-53　安装斜支撑

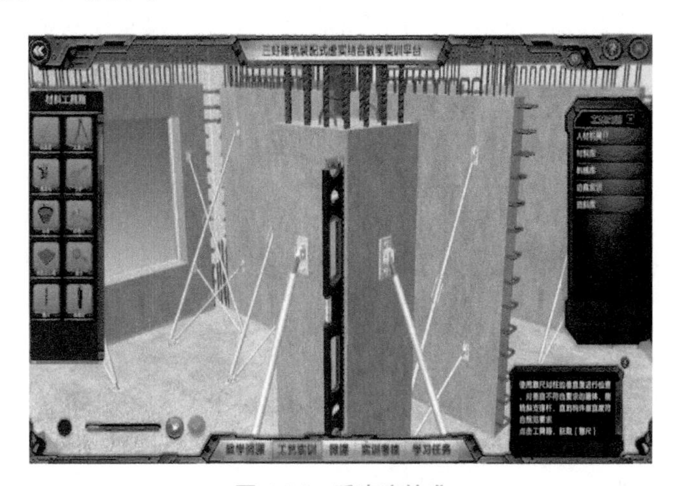

图 4-54　垂直度校准

8）灌浆

①塞缝：预制柱下与楼板之间的缝隙采用砂浆封堵，封堵要密实，确保灌浆时不会有浆液流出。

②灌浆：将下排灌浆孔封堵只剩 1 个，插入灌浆管进行灌浆，待浆液成柱状流出出浆孔时，封堵出浆孔。灌浆作业完成后 24h 内，构件和灌浆连接处不能受到振动或冲击作用。

塞缝和灌浆过程如图 4-55、图 4-56 所示。

图 4-55　塞缝

图 4-56　灌浆

3. 施工要点

（1）施工设备机具（详见 4.1 节）

1）工具：靠尺、水准仪、钢卷尺、斜支撑、钢筋定位框等。

2）机械：灌浆机、塔式起重机等。

3）材料：预制柱、砂浆、钢垫片。

（2）作业条件

1）预制构件提前进场，并验收合格。

2）预制墙板已施工完毕，验收合格。

3）场地清理干净，具备施工条件。

（3）构件检查

1）检查预制混凝土柱进场尺寸、规格、混凝土强度是否符合设计和规范要求，检查柱上预留套管及预留钢筋是否满足图纸要求，套管内是否有杂物；同时做好记录，并与现场预留套管的检查记录进行核对。

2）根据预制混凝土柱平面各轴的控制线和柱框线校核预埋套管位置的偏移情况，并做好记录，若预制混凝土柱有小距离的偏移需借助就位设备进行调整，无问题后方可进行吊装。

3）吊装前在柱四角放置金属垫块，以利于预制柱的垂直度校正。按照设计标高，结合柱子长度对偏差进行确认。用经纬仪控制垂直度，若有少许偏差可使用千斤顶等进行调整。

4）预制混凝土柱初步就位时应将预制柱下部钢筋套筒与下层预制柱的预留钢筋初步试对，无问题后准备进行固定。

4. 质量标准

与预制剪力墙外墙施工质量要求一致，详见 4.2.1 节。

4.4 叠合梁施工

叠合梁是一种预制混凝土梁，在装配式整体框架结构中，常将预制梁做成 T 形截面，在预制板安装就位后，再现浇部分混凝土形成整体受弯构件。一般叠合梁下部主筋已在工厂完成预制并与混凝土整体浇筑完成，上部主筋需现场绑扎。

1. 叠合梁施工的一般规定

根据《装配式混凝土建筑技术标准》(GB/T 51231—2016）以及《混凝土结构工程施工质量验收规范》（GB 50204—2015）等相关规定，叠合梁安装应符合下列规定。

1）梁安装顺序应遵循先主梁后次梁，先低后高的原则。

2）安装前，应测量并修正柱顶和临时支撑标高，确保与梁底标高一致，柱上弹出梁边控制线。根据控制线对梁端、两侧、梁轴线进行精密调整，误差控制在 2mm 以内；应复核柱钢筋与梁钢筋位置、尺寸，对梁钢筋与柱钢筋位置有冲突的，应按经设计单位确认的技术方案调整。

3）安装时，梁伸入支座的长度与搁置长度应符合设计要求。

4）安装就位后应对安装位置、标高进行检查。

5）临时支撑应在后浇混凝土强度达到设计要求后，方可拆除。

2. 工艺流程

（1）叠合梁及吊装示意图（图 4-57）

图 4-57 叠合梁及吊装示意图

（2）叠合梁的施工工艺流程（图 4-58）

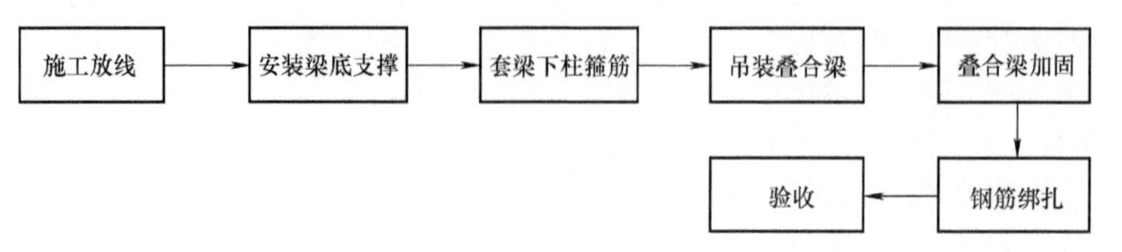

图 4-58 叠合梁施工工艺流程图

1）施工放线。根据楼层已知控制线，准确放出叠合梁的定位线。定位线要精准，因为装配式结构以拼接为主，若出现较大误差，就可能造成其他部分无法拼接对准。施工放线如图 4-59 所示。

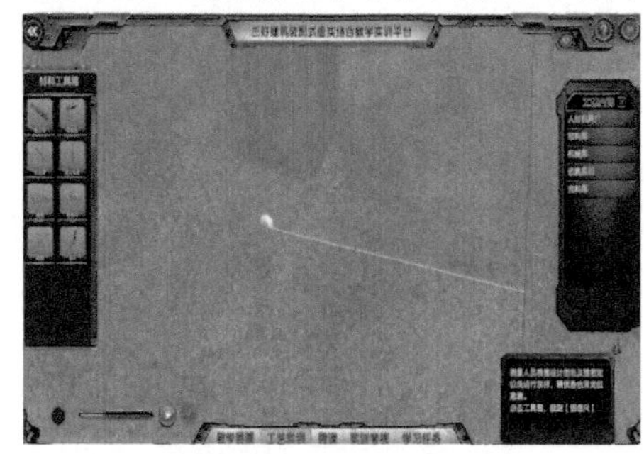

图 4-59　施工放线

2）安装梁底支撑。梁底支撑采用独立式三角支撑体系，支撑杆顶架设独立顶托，用工字木托梁。立杆间距符合规范要求，每排两根独立支撑。安装梁底支撑如图 4-60 所示。

3）套梁下柱箍筋。根据梁锚固筋长度和高度关系，柱顶需要先套 1～2 根箍筋，防止架上叠合梁后，无法套入箍筋。柱箍筋需要加密，加密数满足规范要求。套梁下柱箍筋如图 4-61 所示。

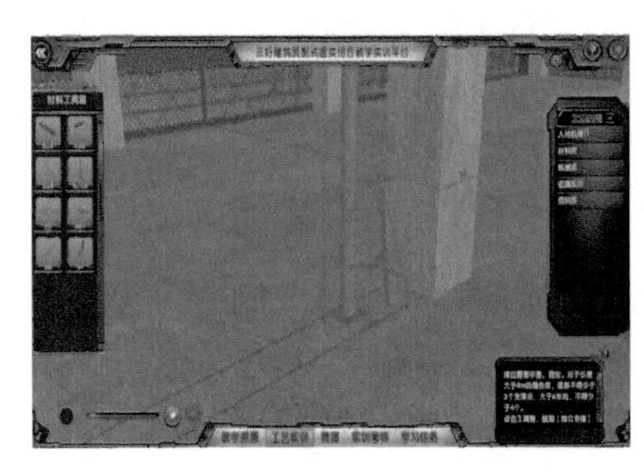

图 4-60　安装梁底支撑

图 4-61　套梁下柱箍筋

4）吊装叠合梁。叠合梁吊装采用专用吊具，吊装路线上不得站人。叠合梁缓慢落在已安装好的底部支撑上，叠合梁端应锚入柱内 15mm。叠合梁落位后，根据楼内 500mm 控制线，精确测量梁底标高，调节至设计要求。检查叠合梁的位置和垂直度，达到规范规定的允许范围。吊装叠合梁及定位如图 4-62 所示。

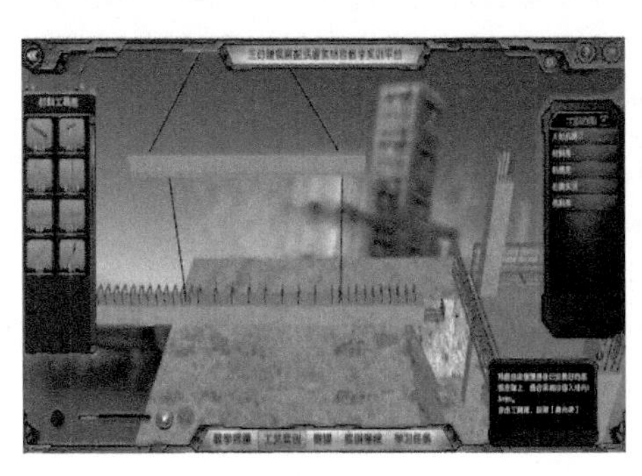

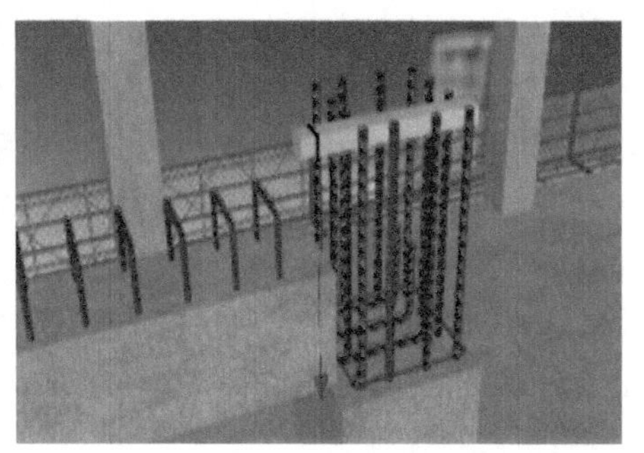

图 4-62　吊装叠合梁及定位

5）叠合梁加固。分别在梁侧及楼板上的临时支撑预留螺母处安装支撑底座，支撑底座安装应牢固可靠，无松动现象。利用可调式支撑杆将叠合梁与楼面临时固定，每个构件至少使用两根斜支撑进行固定，并要安装在构件的同一侧面，确保构件稳定后方可摘除吊钩。叠合梁加固如图 4-63 所示。

图 4-63　叠合梁加固

6）钢筋绑扎。梁上部钢筋绑扎需要加入抗剪钢筋，梁钢筋直锚长度入柱内不小于 $0.4l_{aE}$ 且伸入到柱边，弯锚不小于 $5d$。梁柱接头区域柱箍筋需加密，加密数量满足规范要求。钢筋绑扎如图 4-64 所示。

3. 施工要点

（1）施工设备机具（详见 4.1 节）

1）工具：钢卷尺、斜支撑、独立支撑、吊线锤、撬棍等。

图 4-64　钢筋绑扎

2）机械：塔式起重机。

3）材料：叠合梁、钢筋。

（2）作业条件

1）预制构件提前进场，并验收合格。

2）预制框架已施工完毕，验收合格。

3）场地清理干净，具备施工条件。

（3）构件检查

1）叠合梁安装前需将相应叠合梁下的墙体梁窝处钢筋调整到位，适于叠合梁外露钢筋的安放。

2）为保证上部叠合板钢筋进入梁内支座，将叠合梁按设计绑扎箍筋、底筋、腰筋后进行混凝土浇筑。叠合梁上部主筋待叠合板预制构件安装完成后进行绑扎。

3）吊装安放：先将叠合梁一侧吊点降低穿入支座中，再放置另一侧吊点，然后支设底部支撑。

4）根据剪力墙上弹出的标高控制线校核叠合梁标高位置，利用支撑可调节功能进行调节，标高符合要求后，叠合梁两头用焊接固定，然后摘掉叠合梁挂钩。

5）叠合梁分两种形式，封闭箍筋与开口箍筋。

封闭箍筋：叠合梁安装完成后进行上部现浇层穿筋，直接将上部钢筋穿入箍筋并绑扎即可。

开口箍筋：叠合梁安装完毕后将上层主筋先穿入，再将箍筋用专用工具进行封闭，再将主筋与箍筋进行绑扎固定。

4. 质量标准

（1）施工质量要求

1）抗震等级为一、二级的叠合框架梁的梁端箍筋加密区宜采用整体封闭箍筋；当叠合梁受扭时宜采用整体封闭箍筋，且整体封闭箍筋的搭接部分宜设置在预制部分。

2）当采用组合封闭箍筋时，开口箍筋上方两端应做成 135° 弯钩，对框架梁弯钩平直段长度不应小于 $10d$，次梁弯钩平直段长度不应小于 $5d$。现场应采用箍筋帽封闭开口箍，箍筋帽宜两端做成 135° 弯钩，也可做成一端 135°，一端 90° 弯钩，但 135° 弯钩和 90° 弯钩应沿纵向受力钢筋方向交错设置，框架梁弯钩平直段长度不应小于 $10d$，次梁 135° 弯钩平直段长度不应小于 $5d$，90° 弯钩平直段长度不应小于 $10d$。

3）框架梁箍筋加密区长度内的箍筋肢距：①一级抗震等级，不宜大于 200mm 和 20 倍箍筋直径的较大值，且不应大于 300mm；②二、三级抗震等级，不宜大于 250mm 和 20 倍箍筋直径的较大值，且不应大于 350mm；③四级抗震等级，不宜大于 300mm，且不应大于 400mm。

叠合梁安装质量验收标准见表 4-10。

表 4-10　叠合梁安装质量验收标准

项目		允许偏差 /mm	检验方法
叠合梁强度		符合设计要求	按设计
叠合梁支撑件布置		符合方案要求	按方案
叠合梁规格、型号		符合设计要求	按设计
叠合梁预埋件数量、位置		符合设计要求	按设计
叠合梁	安装标高	±5	钢尺和水准仪检查
	安装轴线	±2	钢尺检查
	靠窗处、过梁处支撑	跨中 600×600 支撑（正方形体系）	现场检查
	跨内隔墙处支撑	跨中 600×600 支撑（正方形体系）	现场检查
	受弯主筋	在吊装前，剪力墙箍筋绑扎至叠合梁底标高，且叠合梁嵌入剪力墙主筋内侧，检查钢筋弯折方向、锚固长度	现场吊装时检查

（2）预制梁柱桁架类构件外形尺寸允许偏差及检验方法（表 4-11）

表 4-11　预制梁柱桁架类构件外形尺寸允许偏差及检验方法

项次	检查项目			允许偏差 /mm	检验方法
1	规格尺寸	长度	<12m	±5	用尺量两端及中间部位，取其中偏差绝对值较大值
			≥ 12m 且 <18m	±10	
			≥ 18m	±20	
2		宽度		±5	用尺量两端及中间部位，取其中偏差绝对值较大值
3		高度		±5	用尺量板四角和四边中部位置共 8 处，取其中偏差绝对值较大值
4	表面平整度			4	用 2m 靠尺安放在构件表面上，用楔形塞尺测量靠尺与表面之间的最大缝隙
5	侧向弯曲		梁柱	L/750 且≤ 20mm	拉线，钢尺量最大弯曲处
			桁架	L/1000 且≤ 20mm	
6	预埋部件	预埋钢板	中心线位置偏移	5	用尺测量纵横两个方向的中心线位置，记录其中较大值
			平面高差	0，−5	用尺紧靠在预埋件上，用楔形塞尺测量预埋件平面与混凝土面的最大缝隙
7		预埋螺栓	中心线位置偏移	2	用尺测量纵横两个方向的中心线位置，记录其中较大值
			外露长度	+10，−5	用尺量
8	预留孔	中心线位置偏移		5	用尺测量纵横两个方向的中心线位置，记录其中较大值
		孔尺寸		±5	用尺测量纵横两个方向的尺寸，记录其中较大值
9	预留洞	中心线位置偏移		5	用尺测量纵横两个方向的中心线位置，记录其中较大值
		洞口尺寸、深度		±5	用尺测量纵横两个方向的尺寸，记录其中较大值
10	预留插筋	中心线位置偏移		3	用尺测量纵横两个方向的中心线位置，记录其中较大值
		外露长度		±5	用尺量
11	吊环	中心线位置偏移		10	用尺测量纵横两个方向的中心线位置，记录其中较大值
		留出高度		0，−10	用尺量
12	键槽	中心线位置偏移		5	用尺测量纵横两个方向的中心线位置，记录其中较大值
		长度、宽度		±5	用尺量
		深度		±5	用尺量
13	灌浆套筒及连接钢筋	灌浆套筒中心线位置		2	用尺测量纵横两个方向的中心线位置，记录其中较大值
		连接钢筋中心线位置		2	用尺测量纵横两个方向的中心线位置，记录其中较大值
		连接钢筋外露长度		+10，0	用尺量

4.5 楼板施工

4.5.1 叠合楼板安装

钢筋桁架混凝土叠合板是目前国内最为流行的预制底板。在预制板内设置钢筋桁架，可增强预制板的整体刚度和水平截面抗剪性能。施工时，可考虑桁架钢筋的作用，减少预制板下的临时支撑。

1. 一般规定

根据《装配式混凝土建筑技术标准》(GB/T 51231—2016）以及《混凝土结构工程施工质量验收规范》(GB 50204—2015）等相关规定，预制叠合楼板安装应符合下列规定。

1）安装预制叠合楼板前应检查支座顶部标高及支撑面的平整度，检查结合面粗糙度是否符合设计要求。

2）预制叠合楼板之间的接缝宽度应满足设计要求。

3）吊装就位后，板底接缝高差不满足设计要求时，应将构件重新起吊，通过可调托座进行调节。

4）临时支撑应在后浇混凝土强度达到设计要求后方可拆除。

2. 工艺流程

（1）叠合楼板及吊装示意图（图 4-65）

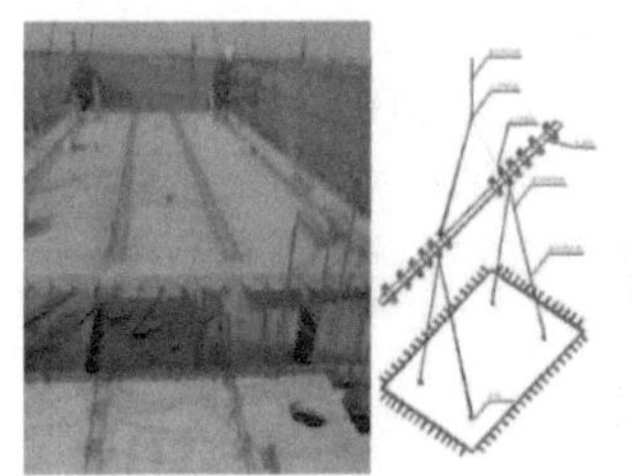

图 4-65　叠合楼板及吊装示意图

（2）叠合楼板施工工艺流程（图 4-66）

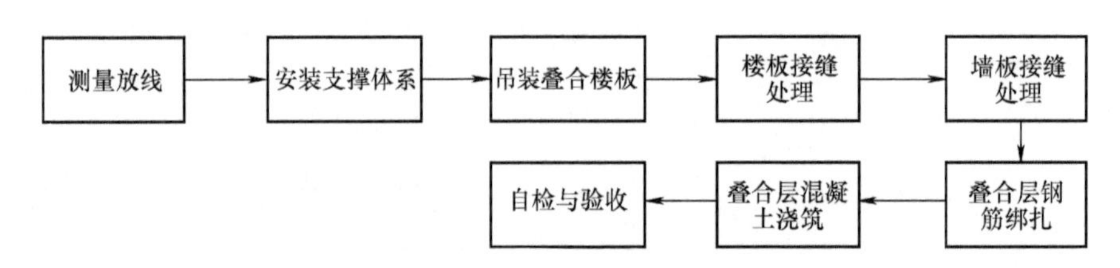

图 4-66　叠合楼板施工工艺流程图

1）测量放线。测量放线如图 4-67 所示。

2）安装支撑体系。支撑体系采用独立式三角支撑，三角支撑架可拆卸，顶托为独立顶托。安装支撑体系如图 4-68 所示。

图 4-67　测量放线

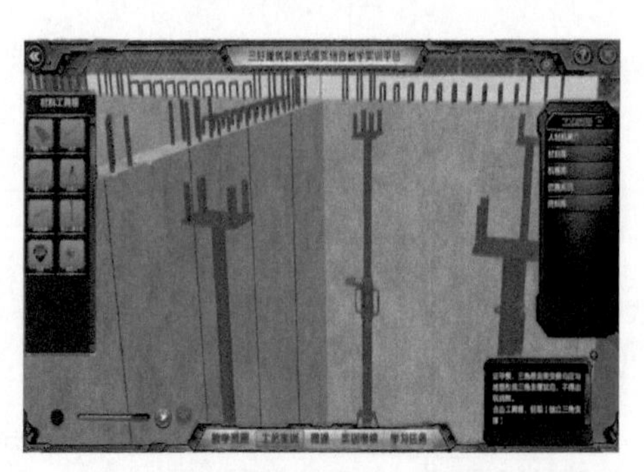

图 4-68　安装支撑体系

3）吊装叠合楼板。楼板吊装前应将支座基础面及楼板底面清理干净，避免点支撑；每块楼板起吊用 4 个吊点，吊点位置为格构梁上弦与腹筋交接处，距离板端为整个板长的 1/4 到 1/5 之间。吊装索链采用专用索链和 4 个闭合吊钩，平均分担受力，多点均衡起吊，单个索链长度为 4m。

吊装时先吊铺边缘窄板，然后按照顺序吊装剩下的板，预应力薄板吊装应对准水平弹线缓慢下降，避免冲击。应按设计图纸或叠合板安装布置图对号入座，用撬棍按图纸要求的支座处搁置长度轻轻地调整对线，必要时借助塔式起重机绷紧吊绳（但板不离支座），辅以人工用撬棍共同调整，保证薄板之间及板与梁、墙、柱之间的间距符合设计图纸的要求，且保证薄板与墙、柱、梁的净间距大于钢筋保护层厚度。吊装叠合楼板如图 4-69 所示。

4）楼板接缝处理。塞缝选用干硬性砂浆并掺入水泥用量 5% 的防水粉。填缝材料应分两次压实填平，两次施工时间间隔不小于 6h。楼板接缝处理如图 4-70 所示。

图 4-69　吊装叠合楼板

图 4-70　楼板接缝处理

5）墙板接缝处理。墙板接缝采用自粘型海绵条进行粘贴，确保混凝土浇筑时不出现漏浆情况。墙板接缝处理如图 4-71 所示。

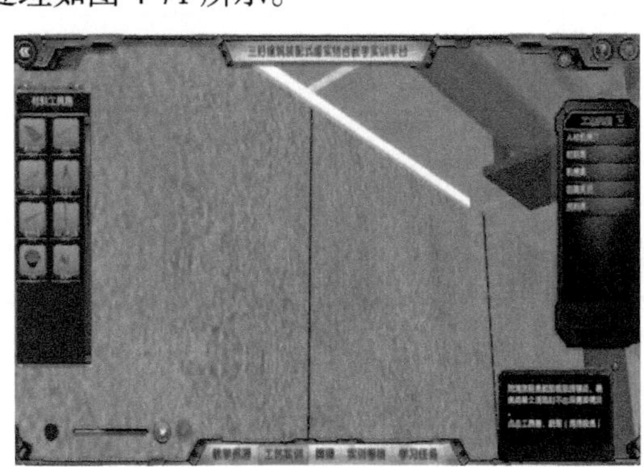

图 4-71　墙板接缝处理

6）叠合层钢筋绑扎。楼板上层钢筋应置于桁架上弦钢筋上，与桁架绑扎固定，以防止偏移和混凝土浇筑时上浮。叠合层钢筋绑扎如图 4-72 所示。

7）叠合层混凝土浇筑（详见 4.5.3 节）。叠合层混凝土浇筑如图 4-73 所示。

图 4-72　叠合层钢筋绑扎

图 4-73　叠合层混凝土浇筑

3. 施工要点

（1）施工准备（详见 4.1 节）

1）工具：水准仪、钢卷尺、独立三脚支撑、木工字梁、撬棍等。

2）材料：叠合楼板、砂浆。

（2）作业条件

1）预制叠合楼板已运输到现场，并验收合格。

2）对安装人员已经进行了安全技术交底。

3）墙柱结构已经施工完成，满足施工要求。

4. 质量标准

（1）施工质量要求　楼板施工完毕后，首先由项目部质检人员对楼板各部位施工质量进行全面检查，检查合格后报监理，由专业监理工程师进行复检。叠合楼板安装质量验收标准见表 4-12。

表 4-12　叠合楼板安装质量验收标准

项目		允许偏差 /mm	检验方法
叠合楼板强度		符合设计要求	按设计
叠合楼板支撑件布置		符合方案要求	按方案
叠合楼板规格、型号		符合设计要求	按设计
叠合楼板预埋件数量、位置		符合设计要求	按设计
叠合楼板	安装标高	±5	钢尺和水准仪检查
	搁置长度	±3	钢尺检查
	相邻板底接缝高差	3	用 2m 靠尺和钢尺检查
	拼缝宽度	±5	钢尺检查
	楼板面筋（板面分布筋）	先摆放平行于叠合板桁架的钢筋，再摆放垂直于桁架方向的钢筋	下层分布筋与叠合楼板桁架筋平行放置

（2）叠合楼板安装允许偏差（表 4-13）

表 4-13　叠合楼板安装允许偏差

序号	项目	允许偏差 /mm	检验方法
1	预制楼板标高	±4	水准仪或拉线，钢尺检查
2	预制楼板搁置长度	±10	钢尺检查
3	相邻板面高低差	2	钢尺检查
4	预制楼板拼缝平整度	3	用 2m 靠尺和塞尺检查

4.5.2　楼面钢筋绑扎

1. 工艺流程

（1）楼面钢筋绑扎示意图（图 4-74）

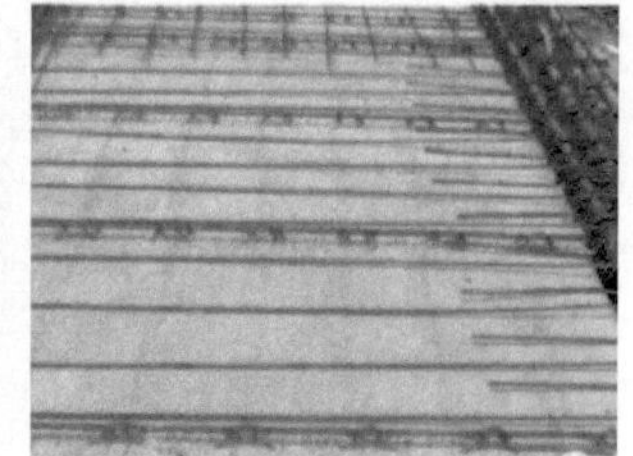

图 4-74　楼面钢筋绑扎示意图

（2）楼面钢筋绑扎施工工艺流程（图 4-75）

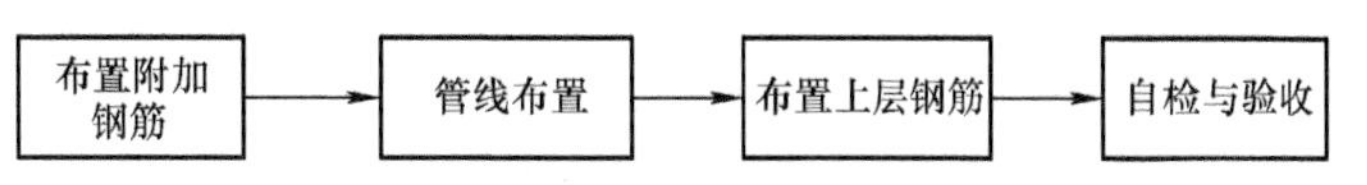

图 4-75　楼面钢筋绑扎施工工艺流程图

1）布置附加钢筋。铺设面筋前，需要在叠合板之间铺设附加钢筋，宽方向采用 $\phi 6$ 钢筋，间距 200mm；长方向为 3 根 $\phi 8$ 通长钢筋，长度为叠合板长度。布置附加钢筋如图 4-76 所示。

图 4-76　布置附加钢筋

2）管线布置。附加钢筋安装完成后，进行水电管线的敷设与连接工作。为便于施工，叠合板在工厂生产阶段已将相应的线盒及预留洞口等按设计图纸预埋在预制板中，现场安装时也可以后开洞，宜用机械开孔，且不宜切断预应力主筋。

叠合板线盒在预制构件厂进行预埋，构件厂对线盒预埋必须精确。叠合板出厂前，应将线盒内混凝土清理干净，并做好成品保护。禁止在现场进行剔凿。

敷设管线，正穿时采用刚性管线，斜穿时采用柔韧性较好的管材。避免多根管线集束预埋，采用直径较小的管线，分散穿孔预埋。施工过程中各方必须做好成品保护工作。管线布置如图 4-77 所示。

图 4-77　管线布置

3）布置上层钢筋。水电管线敷设经检查合格后，钢筋工进行楼板上层钢筋的安装。楼板上层钢筋设置在格构梁上弦钢筋上并绑扎固定，以防止偏移和混凝土浇筑时上浮。

对已铺设好的钢筋、模板进行保护，禁止在底模上行走或踩踏，禁止随意扳动、切断格构钢筋。布置上层钢筋如图 4-78 所示。

图 4-78　布置上层钢筋

4）自检与验收。安装完成后，对钢筋进行检查验收，需要对钢筋的长度、型号、间距、搭接位置、搭接长度进行验收，确认符合规范要求。自检与验收如图 4-79 所示。

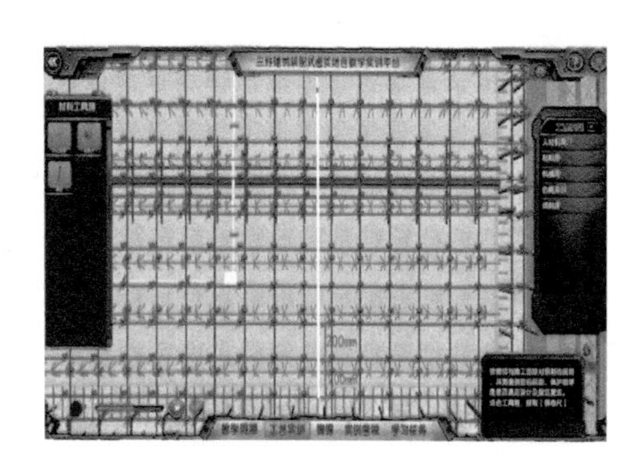

图 4-79　自检与验收

2. 施工要点

（1）施工准备（详见 4.1 节）

1）工具：卷尺、墨斗、扎丝钩、粉笔等。

2）材料：钢筋、PVC 管。

（2）作业条件

1）叠合楼板安装完成，并经过验收。

2）钢筋绑扎前已对施工人员进行技术交底、安全交底。

3）施工所需的材料已经准备完备。

3. 质量标准

1）进场材料必须有出厂证明、合格证、生产日期以及钢筋标牌。

2）进场后必须抽样检查，对焊接接头、机械连接接头应取样试验，合格后方可进行下道工序施工。

3）钢筋表面应洁净无损伤，油渍、漆污和铁锈等应在使用前清除干净，带有颗粒状老锈的钢筋不得使用。

4）进场材料应分类、分规格堆放，挂好标牌，注明进场时间及检验状态，堆放时高出地面200mm，防止钢筋生锈。

5）钢筋加工定人定机，持证上岗，半成品钢筋采用挂牌制，注明规格、数量及使用部位，分类堆放。

6）钢筋绑扎好后，应根据设计图纸检查钢筋级别、直径、根数和间距是否符合要求，要特别注意检查负筋的位置。

7）混凝土浇筑前，对墙、柱筋应保护好，防止混凝土浇筑时对钢筋的污染，并安排责任心强、技术好的钢筋工值班，检查钢筋保护层、间距、排距及位置是否偏位。

8）钢筋施工过程中应密切配合水电、暖通等项目施工，留好预留洞，根据图纸要求在洞口加设附加钢筋。

9）现场施工采用挂牌制，注明负责人、操作者、质量标准及施工部位。

10）每道工序施工前进行技术质量交底，严格执行各项规范、标准和设计要求。

11）钢筋工程应重点预控材料、连接接头质量、配筋及节点构造、保护层。

4.5.3 楼面现浇层混凝土浇筑

1. 工艺流程

（1）楼面现浇层混凝土浇筑示意图（图4-80）

图4-80 楼面现浇层混凝土浇筑示意图

（2）楼面现浇层混凝土浇筑施工工艺流程（图4-81）

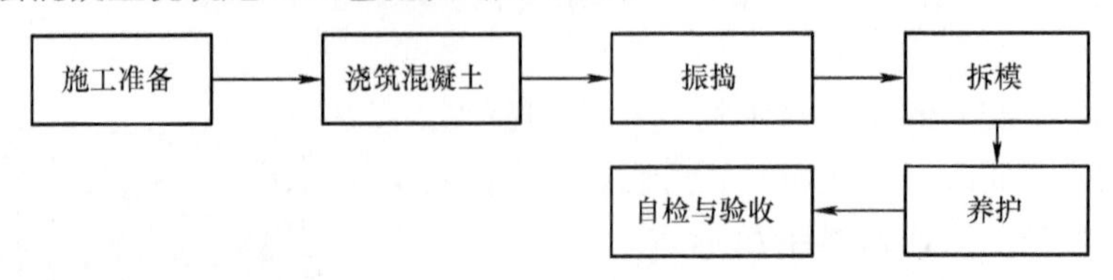

图4-81 楼面现浇层混凝土浇筑施工工艺流程图

1）施工准备

① 泵送混凝土前，先将储料斗内清水从管道泵出，用以湿润和清洁管道，然后压入1:2水泥砂浆润湿管道后，即可开始泵送混凝土。

② 混凝土运输车装运混凝土后，筒体应保持慢速转动，卸料前筒体应加快速度转20～30s后方可卸料。

③ 泵车开始压送混凝土时速度宜慢，待混凝土送出管子端部时，速度可逐渐加快并转入正常速度进行泵送。压送要连续进行，不应停顿，遇到运转不正常时可放慢泵送速度，当混凝土供应不及时的时候，需降低泵送速度。泵送暂时中断供料时，应每隔 5~10min 利用泵机进行抽吸往返推动 2~3 次，以防堵管。混凝土浇筑前洒水湿润如图 4-82 所示。

图 4-82 洒水湿润

2）浇筑混凝土

① 泵送混凝土浇筑入模时，要将端部软管均匀移动，每层布料厚度控制在 20~30cm，不应成堆浇筑。当用水平管浇筑时，随着混凝土浇筑方向的移动，每台泵车浇筑区应考虑 1~2 人看管布料杆并指挥布料，6~8 名工人拆装管子，逐步接长或逐渐拆短，以适应浇筑部位的移动。泵送混凝土入模用水平管或布料杆时，要将端部软管经常均匀地移动以防混凝土堆积，增加压送阻力而引起爆管。

② 泵送将结束时，应计算好混凝土需要量，避免剩余混凝土过多。浇筑混凝土如图 4-83 所示。

3）振捣。混凝土浇筑和振捣的一般要求：

① 浇筑混凝土应分段分层进行，每层浇筑高度应根据结构特点、钢筋疏密而定，一般为振捣器作用部分长度的 1.25 倍，最大不超过 50cm。

② 采用插入式振捣器振捣应快插慢拔。插点应均匀排列，逐点移动、顺序进行，均匀振实，不得遗漏。移动间距不大于振捣棒作用半径的 1.5 倍，一般为 30~40cm。振捣上一层时应插入下层 50mm 以消除两层间的接槎。

③ 浇筑应连续进行，如有间歇应在混凝土初凝前接缝，一般不超过 2h，否则应按施工缝处理。振捣混凝土如图 4-84 所示。

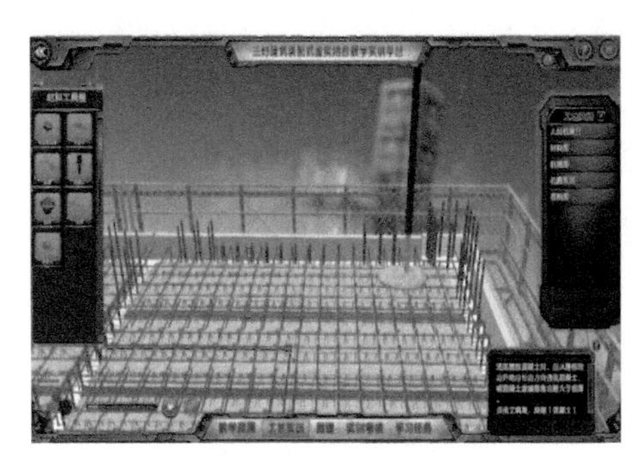

图 4-83 浇筑混凝土

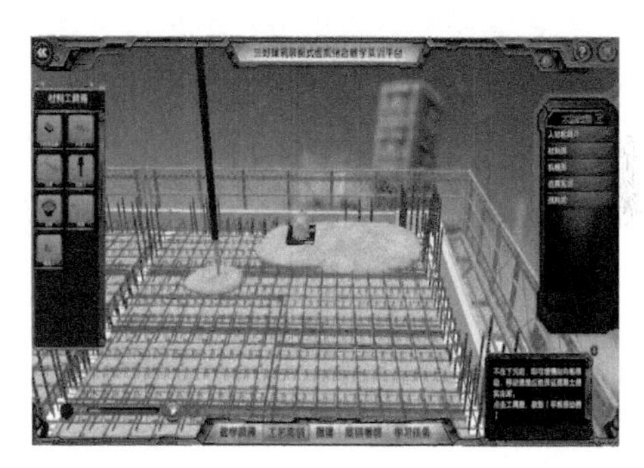

图 4-84 振捣混凝土

4）养护。混凝土浇筑完毕后，应在 12h 以内加以适当覆盖并浇水养护，正常气温每天浇水不少于两次，同时不少于 7d。冬期浇筑混凝土，一般采用综合蓄热法，水灰比控制在 0.65 以内，适当掺加早强抗冻剂，掺量应经试验确定。当气温在 +5℃以下时应用热水搅拌混凝土，使混凝土入模温度不低于 +5℃，模板及混凝土表面用塑料薄膜和棉毡进行覆盖保温，不得浇水养护。冬期混凝土试块除按正常规定组数制作外，还应增做两组试块并与结构同条件养护，一组用于检验混凝土受冻前的强度，另一组用于检验转入常温养护 28d 的强度。混凝土养护如图 4-85 所示。

图 4-85 混凝土养护

2. 施工要点

（1）施工准备（详见 4.1 节）

1）工具：木抹子、水管、钢卷尺、刮杠等。

2）机械：平板振动器。

3）材料：混凝土、砂浆。

（2）作业条件

1）钢筋绑扎完成，并经过监理验收。

2）水电管道铺设完成，且符合实际要求。

3）施工人员已进行技术安全交底，现场准备完毕。

3. 质量标准

（1）主控方面

1）混凝土所用水泥、外加剂的质量必须符合规范的规定，并有出厂合格证和试验报告。

2）配合比设计、原材料计量、搅拌、养护和施工缝处理必须符合验收规范规定。

3）混凝土试块应按规定取样、养护和试验。

4）混凝土运输、浇筑及间歇的全部时间，不应超过混凝土的初凝时间，同一施工段的混凝土应连续浇筑。

（2）一般项目

1）混凝土所用砂子、石子、掺合料应符合国家现行标准的规定。

2）混凝土搅拌前，应测定砂、石含水率并根据测试结果调整材料用量，提出施工配合比。

3）施工缝的留设位置应在混凝土浇筑前确定。

4）混凝土浇筑完毕后，应采取有效的养护措施。

4.5.4 预制钢筋混凝土空心楼板

空心楼板是一种预制楼板，内设一个或几个纵向孔道，以节省材料，并减轻重量。该楼板适用于混凝土框架结构、钢结构及砖混结构的楼板、屋面板，在工业与民用建筑中具有广泛的应用前景。

1. 工艺流程

（1）预制钢筋混凝土空心楼板及吊装示意图（图 4-86）

图 4-86 预制钢筋混凝土空心楼板及吊装示意图

（2）预制钢筋混凝土空心楼板施工工艺流程（图 4-87）

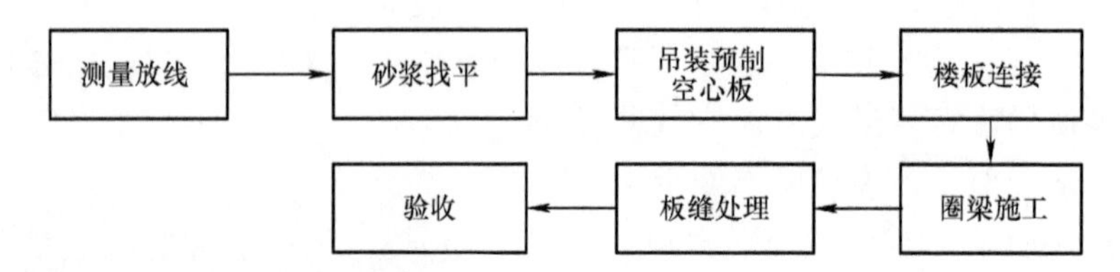

图 4-87 预制钢筋混凝土空心楼板施工工艺流程图

1）测量放线

① 根据图纸设计放出每块空心板的位置，控制好板与板之间的间距。搭接长度要符合规范要求。

② 测量墙顶及梁顶的标高，做出标记，确认找平层厚度，保证标高的准确性。测量放线如图 4-88 所示。

2）砂浆找平。根据放出的标高标记，用砂浆找平，使空心楼板放置时可平稳。砂浆找平如图 4-89 所示。

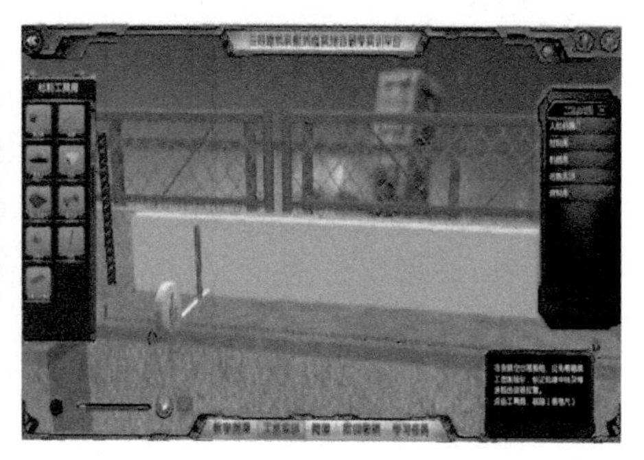

图 4-88　测量放线

3）吊装预制空心楼板。吊装构件前，要先检查楼板吊架、钢丝绳、吊装带、卸扣、吊钩等吊具是否合格。吊装施工时，吊具要根据构件的形状、尺寸和重量进行配制，正式吊装前，应先进行试吊，确认可靠后，方可进行吊装作业。楼板就位时，应对准所划定的位置线，慢降到位、稳定落实。可使用撬棍轻轻调整，以达到精确位置。吊装预制空心楼板如图 4-90 所示。

图 4-89　砂浆找平

图 4-90　吊装预制空心楼板

4）楼板连接。楼板之间用螺栓连接，如图 4-91 所示。

5）圈梁施工。空心楼板四周，在墙顶及梁顶上，需要增加一圈圈梁。圈梁选择合适的钢筋尺寸，在外面绑扎完成后，整体放入圈梁内。圈梁混凝土采用一般混凝土，浇筑时要振捣密实。圈梁施工如图 4-92 所示。

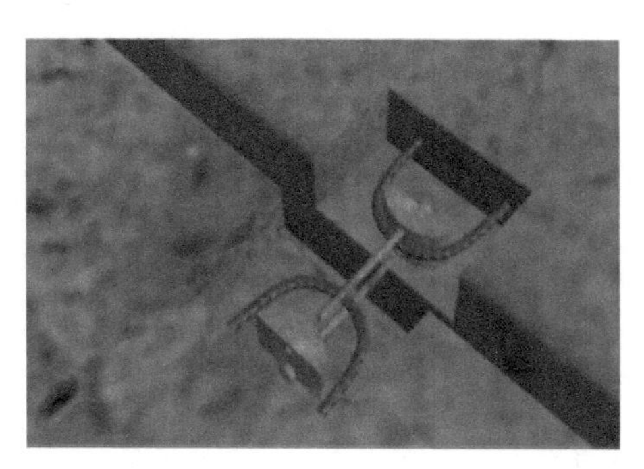

图 4-91　楼板连接

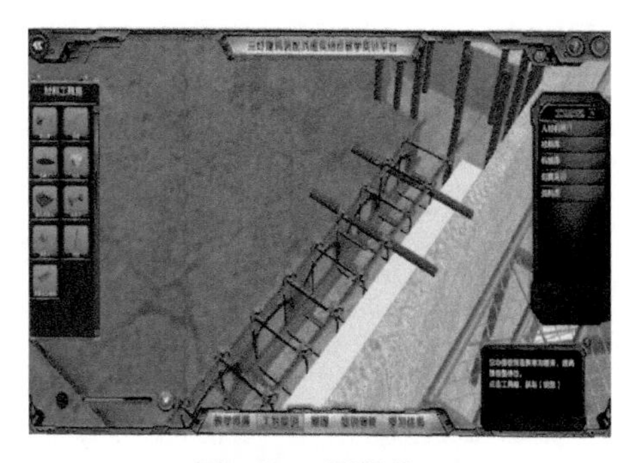

图 4-92　圈梁施工

6）板缝处理。板缝之间的空隙采用细石混凝土填塞，填塞要饱满，可以使用钢筋棍等工具插捣，确保填塞的密实度。板缝处理如图 4-93 所示。

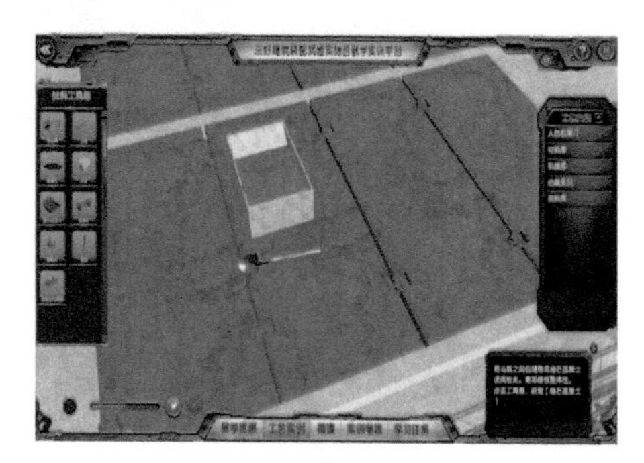

图 4-93　板缝处理

2. 施工要点

（1）施工准备（详见 4.1 节）

1）工具：钢卷尺、撬棍等。

2）机械：振捣棒。

3）材料：预制空心楼板、砂浆、钢筋、混凝土、细石混凝土。

（2）作业条件

1）预制构件提前进场，并验收合格。

2）预制楼板已施工完毕，验收合格。

3）场地清理干净，具备施工条件。

3. 质量标准

1）吊装时，楼板强度必须满足设计要求，如无设计要求时不应低于设计强度的 75%。

2）构件型号、位置、支点锚固必须符合设计要求，且无变形损坏现象。

3）各类原材料及混凝土强度和密实度必须符合设计要求和施工规范规定。

4）标高、坐浆、板堵孔、板缝宽度符合设计要求及施工规范规定。

5）焊接件表面平整，无凹陷、焊瘤，焊缝长度符合要求，接头处无裂纹、气孔、夹渣及咬边。

6）模板支撑平稳牢固，混凝土浇筑平整密实，符合设计要求和规范规定。

4.6 楼梯施工

预制楼梯是预制部品部件在工地装配而成的楼梯，预制构件可按梯段、平台梁和平台板三部分进行划分。预制楼梯与现浇楼梯相比更加美观，同时也能提高施工的效率，减少对环境的污染。采用蒸养的方式，保证了混凝土的强度，提升了工程质量，能够有效降低因人工水平参差不齐而造成的质量不达标的隐患。

根据《装配式混凝土建筑技术标准》(GB/T 51231—2016）以及《混凝土结构工程施工质量验收规范》（GB 50204—2015）等相关规定，预制楼梯安装应符合下列规定。

1）安装前，应检查楼梯构件平面定位及标高，并应设置抄平垫块。

2）就位后，应立即调整并固定，避免因人员走动造成偏差及危险。

3）预制楼梯端部安装，应考虑建筑标高与结构标高的差异，确保踏步高度一致。

4）楼梯与梁板采用预埋件焊接连接或预留孔连接时，应先施工梁板，后放置楼梯段。采用预留钢筋连接时，应先放置楼梯段，后施工梁板。

4.6.1 搁置式楼梯

1. 工艺流程

（1）搁置式楼梯及吊装示意图（图 4-94）

图 4-94 搁置式楼梯及吊装示意图

（2）搁置式楼梯施工工艺流程　搁置式楼梯的梯段搁置在平台梁上，搁置式楼梯施工工艺流程如图 4-95 所示。

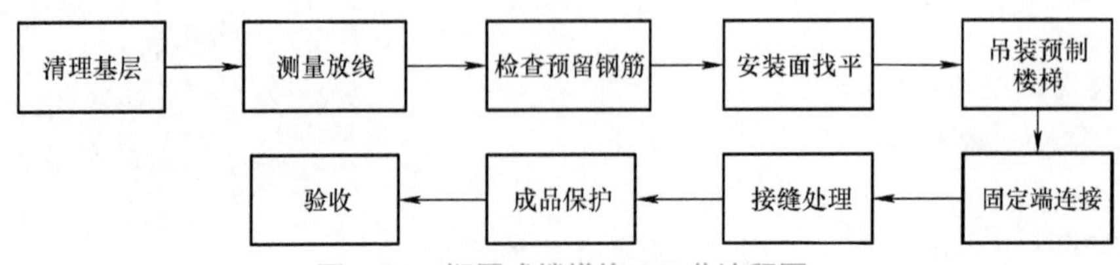

图 4-95 搁置式楼梯施工工艺流程图

1）清理基层。清理楼梯吊装的接触面，用灰铲清理干净上面的浮浆，并用笤帚清扫干净。清理基层如图 4-96 所示。

2）测量放线。根据已知楼层控制线，准确放出预制楼梯的定位线，定位线要精准，因为装配式结构以拼接为主，若出现较大误差，就有可能造成其他部分无法拼接对准。楼梯下段的控制线，采用经纬仪将控制点引下去，确保楼梯的定位准确。测量放线如图 4-97 所示。

图 4-96 清理基层

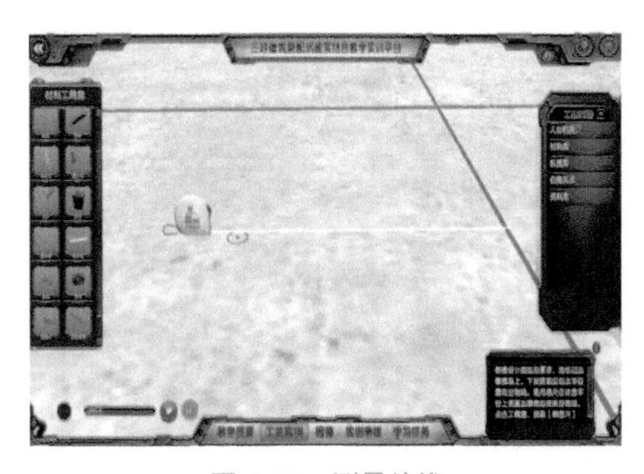

图 4-97 测量放线

3）检查预留钢筋。用钢卷尺检查预留钢筋的长度是否符合设计要求，与设计要求误差不得大于 10mm。测量钢筋到楼梯控制线的距离，确保误差符合规范要求。检查预留钢筋如图 4-98 所示。

4）安装面找平。在楼梯边缘粘贴一道聚苯条，内部采用砂浆找平，找平面误差要符合规范要求，高度满足设计要求。安装面找平如图 4-99 所示。

图 4-98 检查预留钢筋

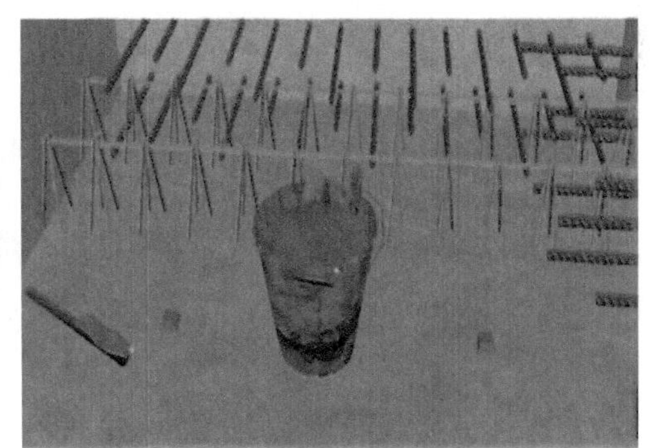

图 4-99 安装面找平

5）吊装预制楼梯。吊装楼梯采用专用吊架，楼梯采用 4 点起吊，吊装钢丝绳为两短两长，长短比例符合楼梯倾斜坡度。就位时楼梯板要从上垂直向下安装，在作业层上空 500mm 处略微停顿，施工人员手扶构件调整方向，将楼梯板的边线与梯梁上的安装控制线对准，放下时要停稳慢放。根据弹出的预制楼梯位置控制线，可使用撬棍轻轻调整构件，以达到准确位置。吊装预制楼梯如图 4-100 所示。

6）固定端连接。楼梯上坡采用灌浆固定，将灌浆料缓慢注入楼梯固定端预留孔内，待浆料上表面距孔口 30mm 时，即可停止。灌浆作业完成后 24h 内，构件和灌浆连接处不能受到振动或冲击作用。灌浆完成后，使用水泥砂浆将楼梯固定端预留孔口进行封堵，要求平整、密实、光滑。楼梯下端采用螺栓固定，固定要牢固，完成后用砂浆封堵。固定端连接如图 4-101 所示。

图 4-100 吊装预制楼梯

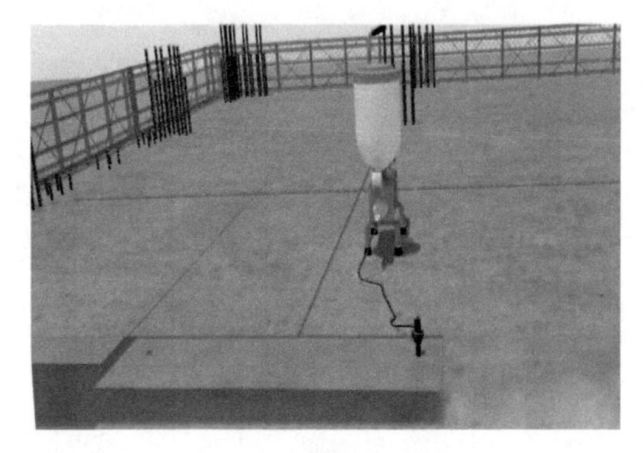
图 4-101 固定端连接

7）缝隙处理。楼梯与楼面间的竖向缝隙，填塞聚苯板，聚苯板上方加入一根 PE 棒，表面用胶枪打胶封闭。缝隙处理如图 4-102 所示。

8）成品保护。预制楼梯吊装完成后，采用木模板保护楼梯棱角，防止施工时破坏楼梯，以致交付时效果不好。成品保护如图 4-103 所示。

图 4-102 缝隙处理

图 4-103 成品保护

2. 施工要点

（1）施工准备（详见 4.1 节）

1）工具：灰铲、钢卷尺、铅笔、墨斗、撬棍等。

2）机械：灌浆机、水准仪、经纬仪、吊架。

3）材料：灌浆料、聚苯条、砂浆、聚苯板、PE 棒。

（2）作业条件

1）预制构件提前进场，并验收合格。

2）楼面已施工完毕，且验收合格。

3）场地清理干净，具备施工条件。

3. 质量标准

（1）施工要求　预制楼梯要待上层结构施工完成后方可进行下层楼梯的安装。放楼梯安装控制线，预制楼梯与梁搁置位置处用细石混凝土找平，吊装采用专用吊扣和长短钢丝绳挂钩，起吊运行至操作面，距操作面 1m 时停止降落，操作工稳住预制楼梯对准控制线，引导楼梯缓慢降落至楼梯梁上，校正，摘钩，连接孔灌浆固定，之后进行成品保护，临边护栏安装。

（2）安装验收标准

预制构件安装过程中发现预留套筒与钢筋位置偏差较大等问题导致安装无法进行时，应立刻停止安装作业，并将构件妥善放回原位，待查明原因后再吊装，严禁现场擅自对预制构件进行改动。吊装完毕后须进行验收，验收项目及标准见表 4-14。

表 4-14 构件安装允许偏差和检验方法

项目		允许偏差 /mm	检验方法
楼梯	水平位置	3	钢尺检查
	标高	±3	水准仪或拉线，钢尺检查

4.6.2 锚固式楼梯

1. 工艺流程

（1）锚固式楼梯示意图（图 4-104）

图 4-104 锚固式楼梯示意图

（2）锚固式楼梯施工工艺流程（图 4-105）

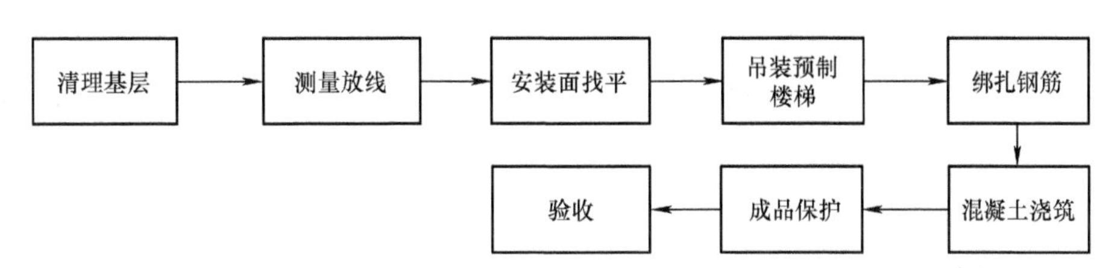

图 4-105 锚固式楼梯施工工艺流程图

1）清理基层。清理楼梯吊装的接触面，用灰铲清理干净上面的浮浆，并用笤帚清扫干净。清理基层如图 4-106 所示。

2）测量放线。根据已知楼层控制线，准确放出预制楼梯的定位线，定位线要精准，因为装配式结构以拼接为主，若出现较大误差，就有可能造成其他部分无法拼接对准。楼梯下段的控制线，采用经纬仪将控制点引下去，确保楼梯的定位准确。测量放线如图 4-107 所示。

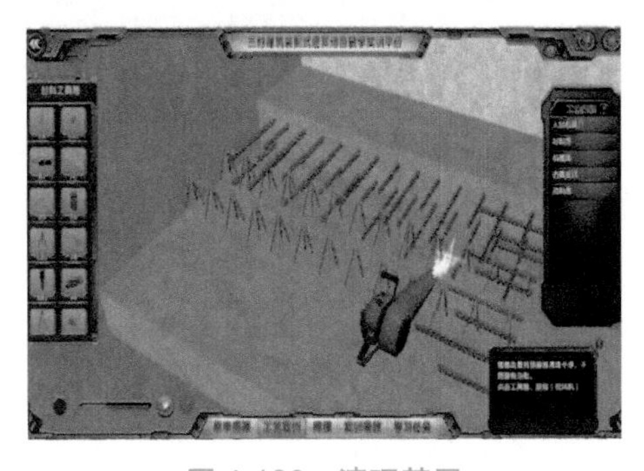

图 4-106 清理基层

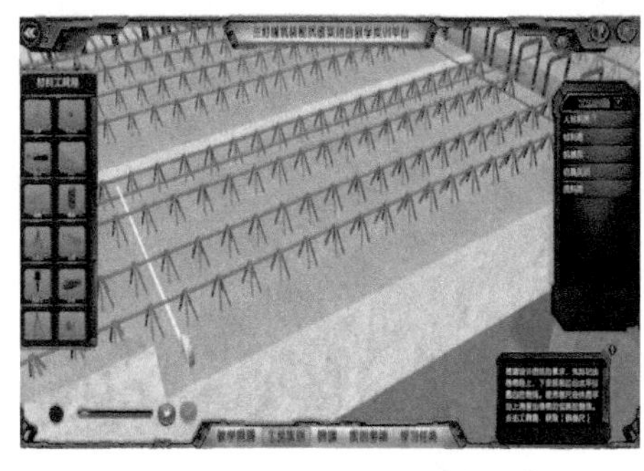

图 4-107 测量放线

3）安装面找平。在楼梯边缘粘贴一道聚苯条，内部用砂浆找平，找平面误差要符合规范，高度满足设计要求。安装面找平如图 4-108 所示。

4）吊装预制楼梯。吊装楼梯采用专用吊架，楼梯采用4点起吊，吊装钢丝绳为两短两长，长短比例符合楼梯倾斜坡度。就位时楼梯板要从上垂直向下安装，在作业层上空500mm处略微停顿，施工人员手扶构件调整方向，将楼梯板的边线与梯梁上的安装控制线对准，放下时要停稳慢放。根据弹出的预制楼梯位置控制线，可使用撬棍轻轻调整构件，以达到准确位置。吊装预制楼梯如图4-109所示。

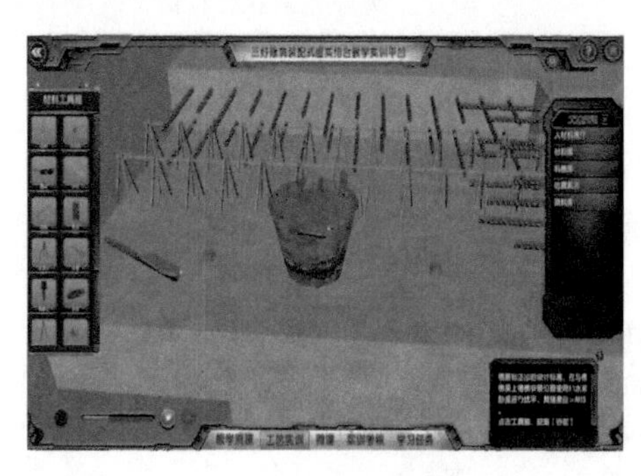

图4-108　安装面找平

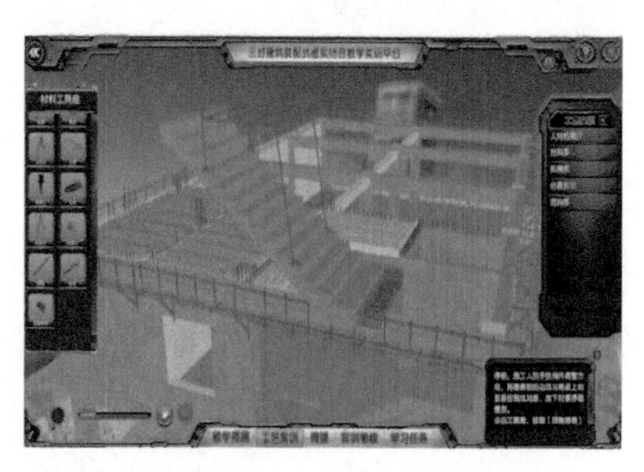

图4-109　吊装预制楼梯

5）绑扎钢筋。在楼梯吊装到位后，绑扎楼梯与板面钢筋，楼梯预留钢筋搭接要符合规范要求，搭接长度满足设计要求，每处搭接点需要绑扎三道扎丝，注意检查钢筋数量、规格。绑扎钢筋如图4-110所示。

6）混凝土浇筑。混凝土浇筑前需要洒水湿润，并且清理干净浇筑作业面上的垃圾杂物。浇筑时随时振捣、随时抹平，及时绷线绳测量板面的标高是否符合设计要求。混凝土浇筑如图4-111所示。

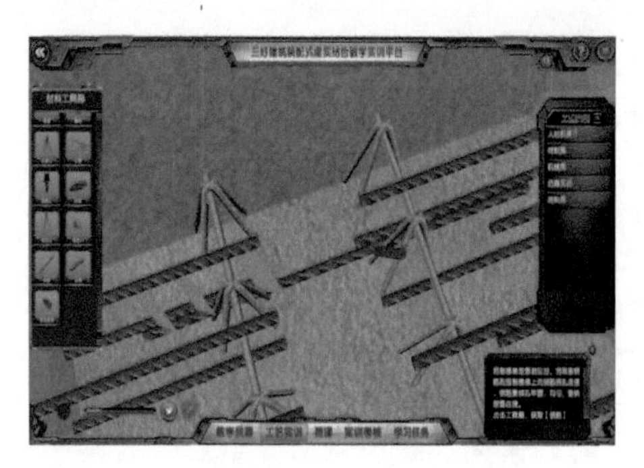

图4-110　绑扎钢筋

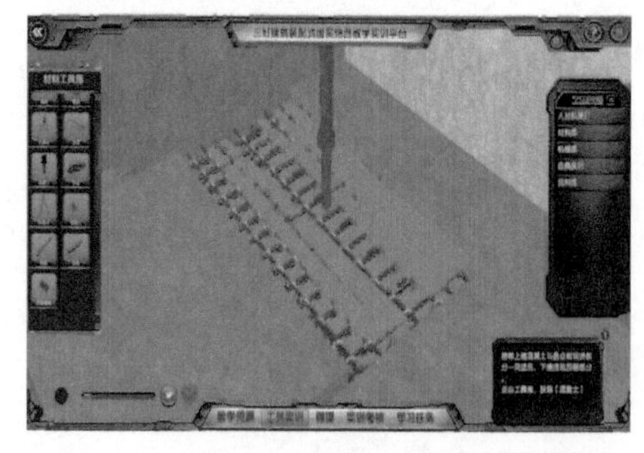

图4-111　混凝土浇筑

7）成品保护。混凝土浇筑完成后及时洒水养护，防止板面开裂，未达到设计强度时不能上人施工。楼梯采用木模板保护楼梯棱角，防止施工时破坏楼梯，以致交付时效果不好。

楼梯临边安装防护栏杆，防止安全事故发生。成品保护如图4-112所示。

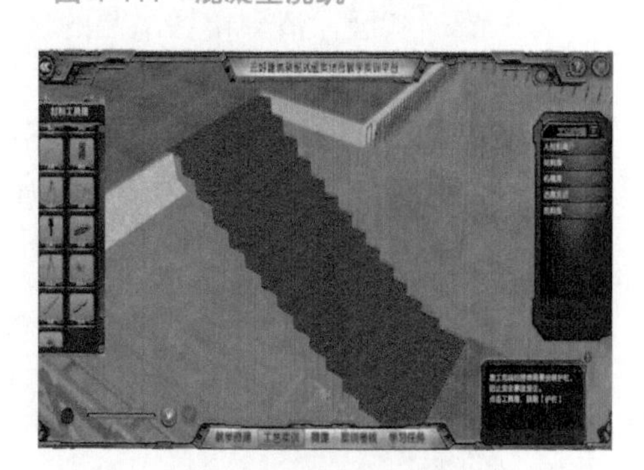

图4-112　成品保护

2. 施工要点

（1）施工准备（详见4.1节）

1）工具：灰铲、钢卷尺、铅笔、墨斗、撬棍等。

2）机械：水准仪、经纬仪、吊架。

3）材料：钢筋、混凝土、砂浆。

（2）作业条件

1）预制构件提前进场，并验收合格。

2）楼面已施工完毕，且验收合格。

3）场地清理干净，具备施工条件。

3. 质量标准

与搁置式楼梯的施工质量要求一致，详见4.6.1节。

4.7 阳台与雨篷施工

预制阳台可分为预制叠合阳台板和全预制阳台。全预制阳台的表面平整度和模具表面一样平整或者做出凹陷的效果，坡度和排水口也在工厂预制完成。

根据《装配式混凝土建筑技术标准》（GB/T 51231—2016）以及《混凝土结构工程施工质量验收规范》（GB 50204—2015）等相关规定，预制阳台及雨篷安装应符合下列规定。

1）安装前应检查支座顶面标高及支撑面的平整度。

2）吊装完后，应对板底接缝高差进行校核。如板底接缝高差不满足设计要求，应将构件重新起吊，通过可调托座进行调节。

3）就位后，应立即调整并固定。

4）预制板应待后浇混凝土强度达到设计要求后，方可拆除临时支撑。

4.7.1 预制阳台施工

1. 工艺流程

（1）预制阳台及吊装示意图（图4-113）

图4-113 预制阳台及吊装示意图

（2）预制阳台施工工艺流程（图4-114）

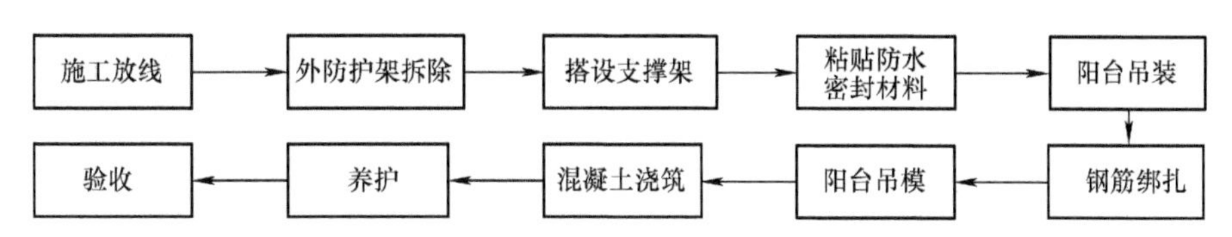

图4-114 预制阳台施工工艺流程图

1）施工放线。根据楼层已知控制线，准确放出阳台的定位线，定位线要精准，因为装配式结构以拼接为主，若出现较大误差，就可能造成其他部分无法拼接对准。施工放线如图4-115所示。

2）外防护架拆除。拆除预备安装阳台位置的防护架。防护架不得提前拆除，拆除人员需要系安全带，并将安全带固定到稳定牢固的位置。拆除时防护架下方不得站人。外防护架拆除如图4-116所示。

图4-115 施工放线

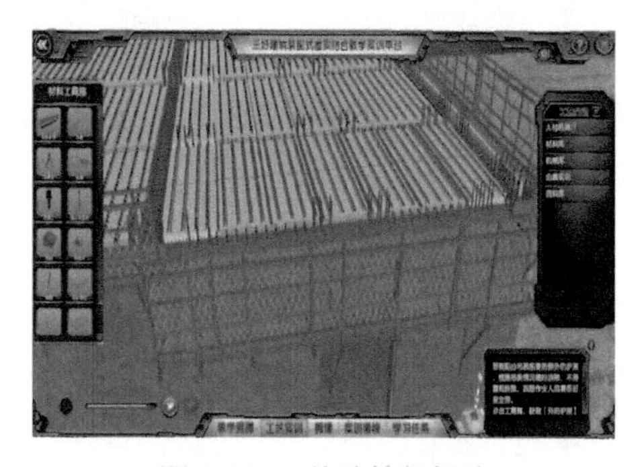

图4-116 外防护架拆除

3）搭设支撑架。支撑架采用独立支撑体系，独立杆用三角支撑固定。独立顶托上方用工字木作为阳台支撑。搭设完成后，用水准仪进行调平，根据楼层内标高控制线验证工字木高度是否合适，工字木两端是否平衡，确保误差在允许范围内。搭设支撑架如图 4-117 所示。

4）粘贴防水密封材料。在保温板上方粘贴一道防水密封材料，防水密封材料宽度同保温板宽度，粘贴厚度符合规范要求。粘贴防水密封材料如图 4-118 所示。

图 4-117　搭设支撑架

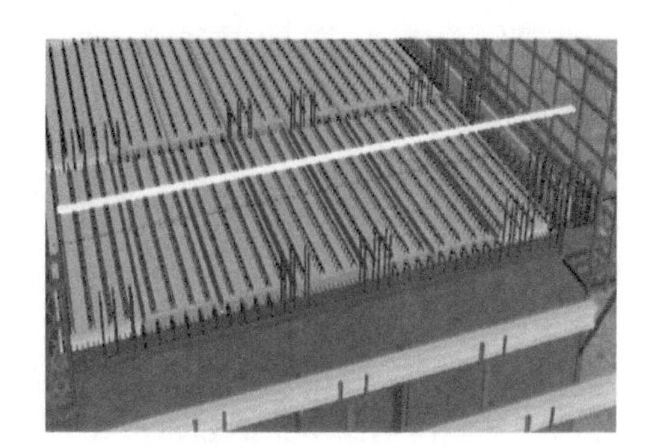

图 4-118　粘贴防水密封材料

5）阳台吊装

① 阳台吊装前，在预制叠合阳台周围要提前安装防护架，防护架高度要符合规范要求，防护架各个位置要能承受不低于 1kN 的力的冲击，这样才不会出现倒塌问题。

② 阳台吊装采用专用吊具，吊点不少于 4 个，吊起时保持平衡。起吊时轻起快吊，在距离安装位置 500mm 时停止构件下降。

③ 预制阳台预留钢筋外露 320mm，下部钢筋需要过内叶墙板中线。

④ 阳台吊装完成后，用角码把阳台和外墙固定牢固。固定完成后方可拆除吊钩。

阳台吊装如图 4-119 所示。

6）钢筋绑扎。阳台板吊装完成后，阳台板上部钢筋和楼板面筋一同绑扎，面筋与叠合阳台预留钢筋采用搭接，搭接处绑扎不少于 3 道扎丝。预制板边交接处，附加两道通长钢筋。钢筋绑扎如图 4-120 所示。

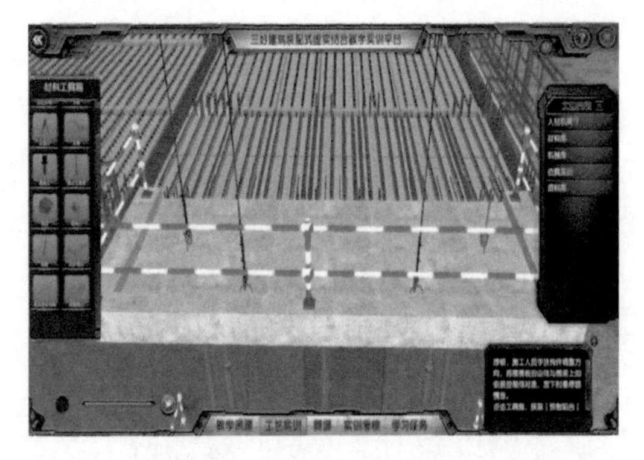

图 4-119　阳台吊装

图 4-120　钢筋绑扎

7）阳台吊模。根据阳台设计标高要求，采用适合的吊模处理，吊模可以采用木模板或者钢模板。阳台吊模如图 4-121 所示。

8）混凝土浇筑及养护。混凝土浇筑和振捣的一般要求同 4.5.3 节。混凝土浇筑及养护如图 4-122、图 4-123 所示。

图 4-121　阳台吊模

图 4-122　混凝土浇筑

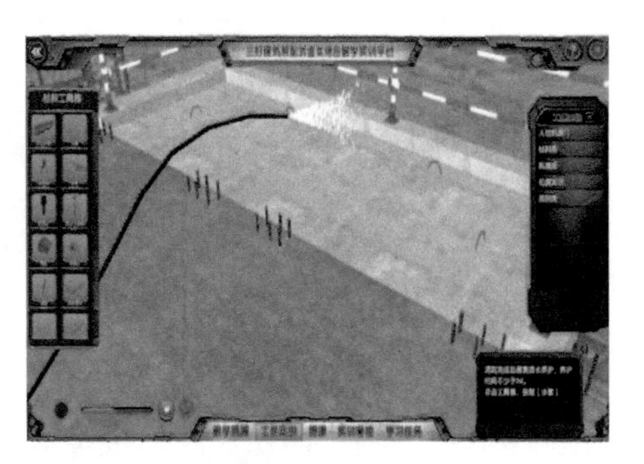

图 4-123　养护

2. 施工要点

（1）施工准备（详见 4.1 节）

1）工具：钢卷尺、水管、防护围栏、墨斗等。

2）机械：塔式起重机、振捣棒、水准仪。

3）材料：混凝土、防水密封材料、角码、钢筋、预制阳台。

（2）作业条件

1）预制构件提前进场，并验收合格。

2）预制楼板已施工完毕，且验收合格。

3）场地清理干净，具备施工条件。

3. 质量标准

（1）主控项目

1）进入现场的预制阳台栏板，其外观质量、尺寸偏差符合标准和设计要求。

2）栏板与阳台结构连接符合设计要求。

3）当阳台混凝土强度未达到设计要求（或小于 10MPa）时，不得安装栏板。

（2）一般项目

1）栏板在码放和运输时的支撑位置和方法应符合标准和设计要求。

2）栏板安装前，应按设计要求在构件和相应的支撑结构上标记中心线、标高等控制尺寸，按标准或设计文件校核埋件及连接钢筋等，并作出标记。

3）栏板就位后，应采取保证构件稳定的临时固定措施，根据水准点和轴线校正位置。

4）栏板的接头和拼缝应符合设计要求。

4.7.2　叠合阳台板施工

1. 工艺流程

（1）叠合阳台板及吊装示意图（图 4-124）

图 4-124 叠合阳台板及吊装示意图

（2）叠合阳台板施工工艺流程 叠合阳台板施工工艺流程如图 4-125 所示。具体施工工艺与预制阳台相同，详见 4.7.1 节。

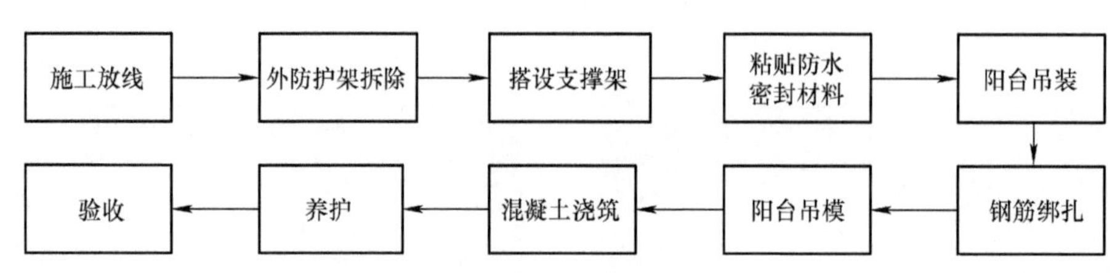

图 4-125 叠合阳台板施工工艺流程图

2. 施工要点

（1）施工准备（详见 4.1 节）

1）工具：钢卷尺、水管、防护围栏、墨斗等。

2）机械：塔式起重机、振捣棒、水准仪。

3）材料：混凝土、防水性密封材料、角码、钢筋、叠合阳台。

（2）作业条件

1）预制构件提前进场，并验收合格。

2）预制楼板已施工完毕，且验收合格。

3）场地清理干净，具备施工条件。

3. 质量标准

叠合阳台板安装质量验收标准见表 4-15。

表 4-15 叠合阳台板安装质量验收标准

项目		允许偏差 /mm	检验方法
叠合阳台板强度		符合设计要求	按设计
叠合阳台板支撑件布置		符合方案要求	按方案
叠合阳台板规格、型号		符合设计要求	按设计
叠合阳台板预埋件数量、位置		符合设计要求	按设计
叠合阳台板	安装标高	±5	钢尺和水准仪检查
	安装轴线	±5	钢尺检查
	靠窗处支撑	1200×（1500+1500）支撑（长方形体系）	现场检查
	阳台板预留钢筋	嵌入楼面现浇层钢筋网内，下层预留筋嵌入现浇梁的主筋下	逐根检查嵌入情况

4.7.3 预制混凝土雨篷施工

1. 工艺流程

（1）预制混凝土雨篷及吊装示意图（图 4-126）

图 4-126 预制混凝土雨篷及吊装示意图

（2）预制混凝土雨篷施工工艺流程 预制混凝土雨篷施工工艺流程如图 4-127 所示。具体施工流程与预制阳台一致，详见 4.7.1 节。

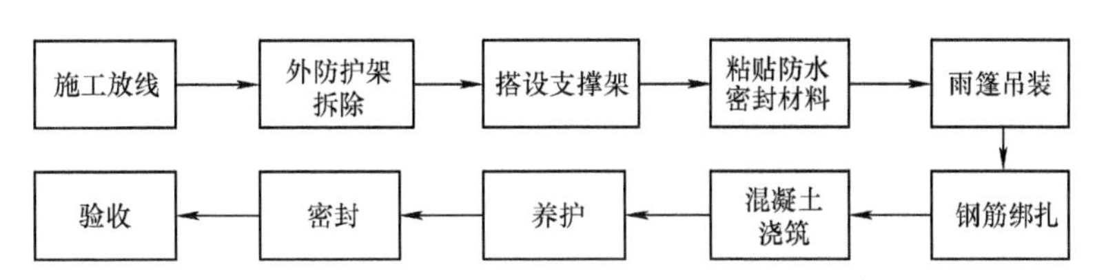

图 4-127 预制混凝土雨篷施工工艺流程图

2. 施工要点

（1）施工准备（详见 4.1 节）

1）工具：钢卷尺、水管、防护围栏、胶枪等。

2）机械：水准仪、塔式起重机。

3）材料：混凝土、预制雨篷、防水密封材料、钢筋、PE 棒。

（2）作业条件

1）预制构件提前进场，并验收合格。

2）预制楼板已施工完毕，且验收合格。

3）场地清理干净，具备施工条件。

3. 质量标准

（1）主控项目

1）吊装时构件的混凝土强度必须符合设计要求和施工规范的规定。

2）构件型号、位置、支点锚固必须符合设计要求，且无变形损坏现象。

3）预制阳台、雨篷、走道板底部铺垫砂浆必须密实，不得有孔隙。通道板之间缝隙宽度要符合设计要求。

（2）一般项目

1）锚固筋搭接焊长度要符合要求，焊缝表面平整，不得有裂纹、凹陷、焊瘤、气孔、灰渣及咬边等缺陷。

2）阳台板各边线应与上下左右的阳台板边线对齐。

3）允许偏差项目见表 4-16。

表 4-16 允许偏差项目

项次	项目		允许偏差 /mm	检验方法
通道板	相邻板下表面平整度	抹灰	5	用直尺和楔形塞尺检查
		不抹灰	5	
雨 篷 阳 台	水平位移偏差		10	
	标 高		±5	

第 5 章　装配式细部节点 | CHAPTER 5

装配式建筑在搭建过程中，最重要的控制点之一就是细部节点。细部节点处是装配式建筑中为数不多的必须要通过现浇来得以实现的部位，它是连接预制构件与预制构件、预制构件与现浇结构的重要部位。在施工时需参考国家规范图集并考虑现场施工的可操作性，保证施工质量，同时避免复杂连接节点而造成现场施工困难。本章主要从施工工艺流程以及每个部位在施工时应该遵循的质量标准等方面，分细部构造和节点构造两部分对装配式细部节点的施工进行描述。

5.1　细部构造

目前，在装配式建筑中的细部构造主要体现在对墙体的细部构造进行处理，本节分预制外墙构造缝、外墙缝排水管和内墙拼缝三部分对细部构造做详细的施工工艺讲解。

5.1.1　预制外墙构造缝施工

1. 外墙缝防水构造图（图 5-1~ 图 5-4）

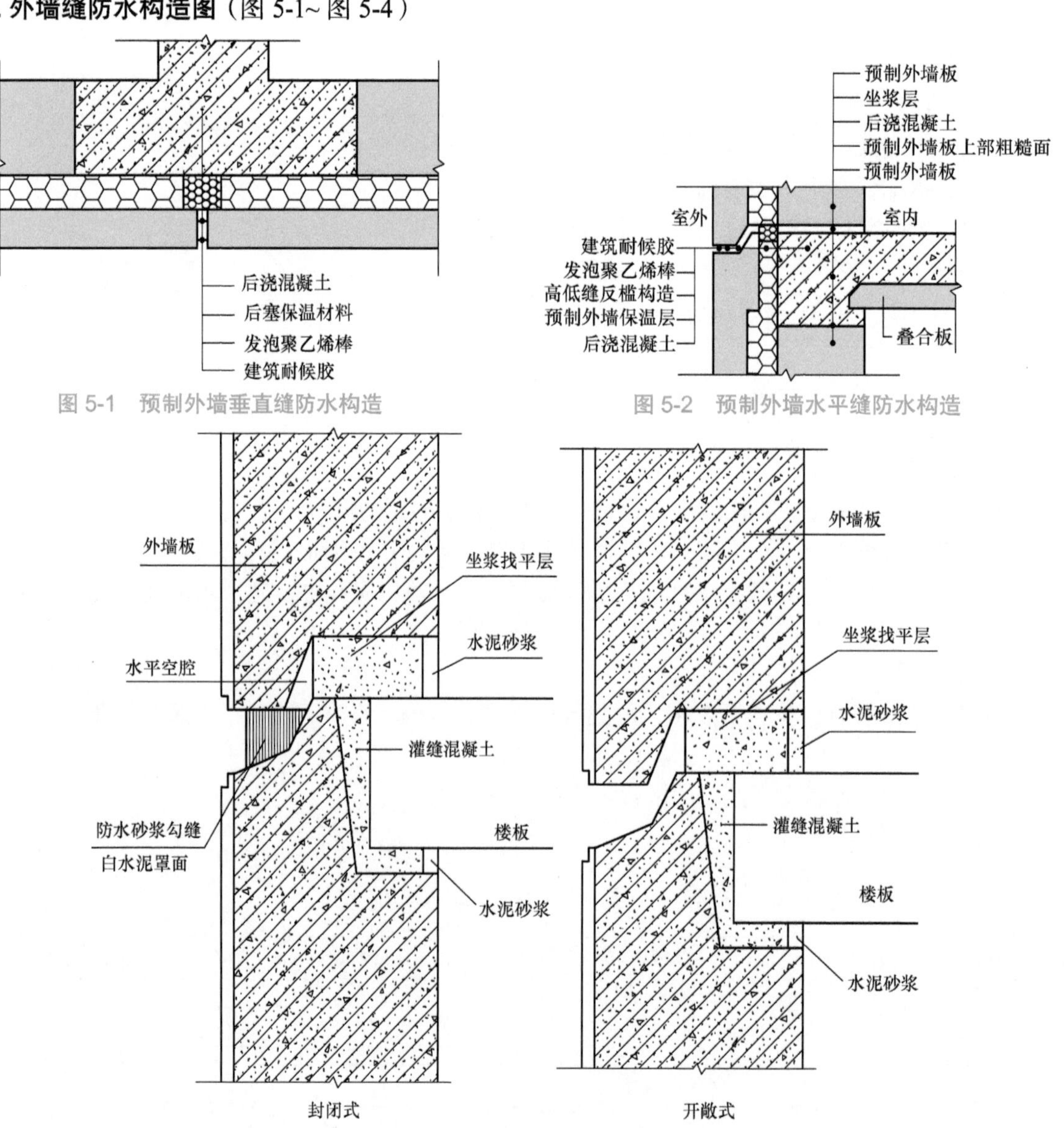

图 5-1　预制外墙垂直缝防水构造

图 5-2　预制外墙水平缝防水构造

图 5-3　高低缝防水构造

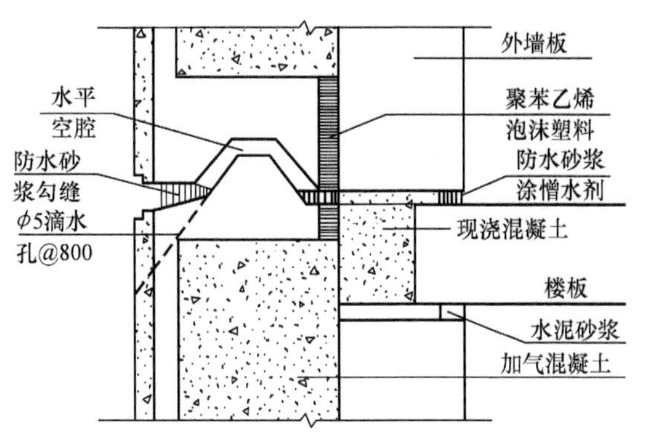

图 5-4 企口缝防水构造

2. 施工准备

预制外墙构造缝施工所需要的工具有胶枪、刮刀、铲刀；材料需要美纹纸、泡沫棒、底漆、密封胶。施工前的作业条件应满足：

1）外墙已施工完成，并验收合格。

2）外挂架已经施工完毕，且验收合格。

3）墙面清理干净，具备施工条件。

3. 工艺流程（图 5-5）

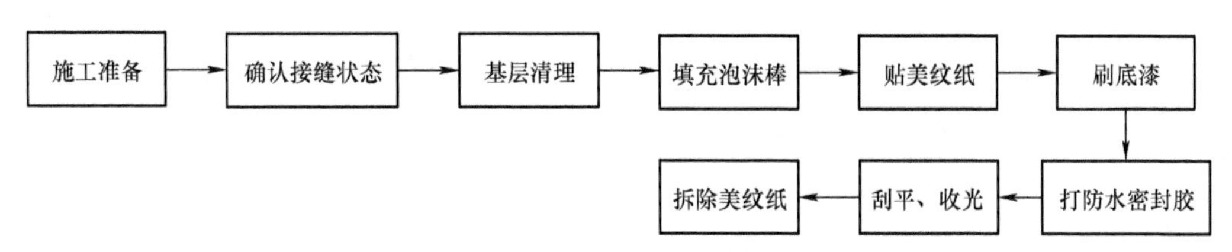

图 5-5 预制外墙构造缝施工工艺流程

1）确认接缝状态。用钢卷尺测量接缝的宽度，确认是否符合设计标准，上下宽度是否一致，接缝内是否有浮浆等残留物，如图 5-6 所示。

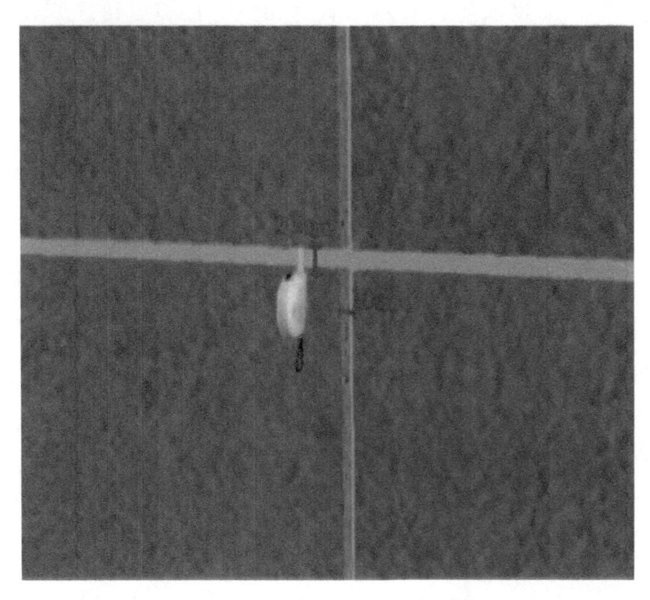

图 5-6 用钢卷尺测量接缝的宽度

2）基层清理。板缝内的浮浆和杂物用铲刀进行清除，并用毛刷清理干净，如图 5-7、图 5-8 所示。

图 5-7　用铲刀清除浮浆和杂物

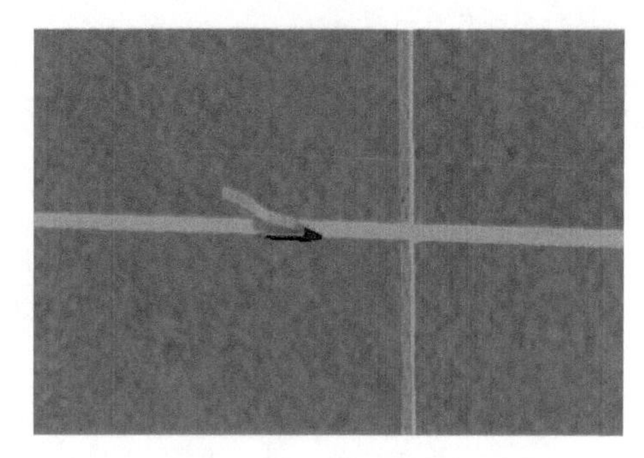

图 5-8　用毛刷清理干净

3）填充泡沫棒。在墙缝内塞入发泡聚乙烯棒等柔性材料，以消除混凝土构件因气候温度变化而引起的形变，如图 5-9 所示。

4）贴美纹纸。沿预制墙板外侧的墙缝两侧各贴上一道美纹纸，目的是在处理墙缝时，防止两侧被防水密封胶污染，如图 5-10 所示。

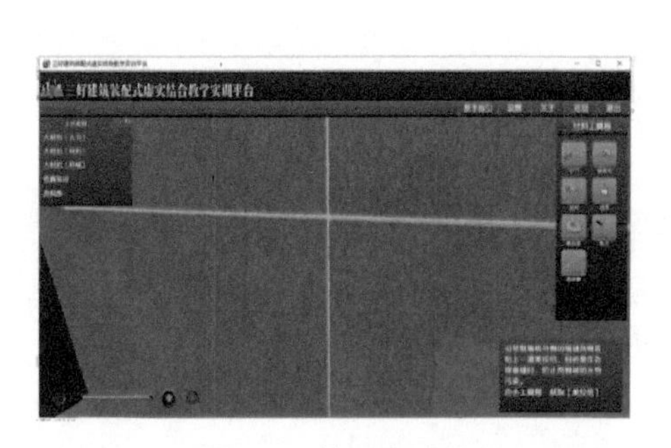

图 5-9　填充泡沫棒

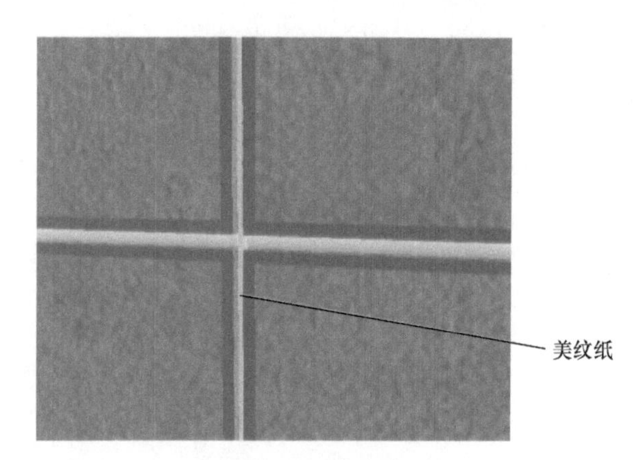

图 5-10　贴美纹纸

5）刷底漆。在墙缝内部涂刷一层底漆，底漆应由密封胶厂家配制，不同底漆的操作条件和要求不同，操作时严格按照说明书所述方法使用。必须在底漆完全干化后进行注胶，否则会使粘合力下降。刷底漆如图 5-11 所示。

6）打防水密封胶。在底漆干化后立即进行注胶，注胶时应用一次完整的操作来完成。胶枪枪嘴的直径要小于注胶口厚度，使枪嘴伸入接口的二分之一深度，密封胶要均匀连续地以圆柱状挤出枪嘴，胶枪要均匀适度地移动，不能断断续续，这样胶缝才能均匀饱满。水平缝注胶时，应从一侧向另一侧单向注，不能两面同时注胶。打防水密封胶如图 5-12 所示。

图 5-11　刷底漆

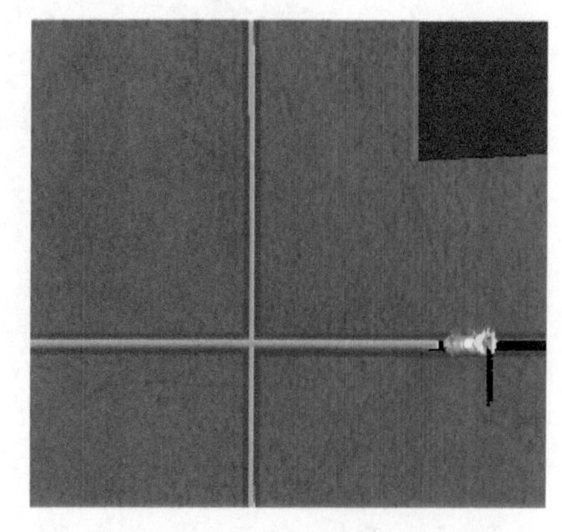

图 5-12　打防水密封胶

7）刮平收光。注胶完成后，使用刮刀由下往上用力将接口表面刮平整，如图 5-13 所示。

8）拆除美纹纸。待密封胶固化后，即可撕去墙缝两侧的美纹纸。去除美纹纸过程中，应注意不要污染其他部位，同时留意已修饰过的胶面，如有问题应马上修补。拆除美纹纸如图 5-14 所示。

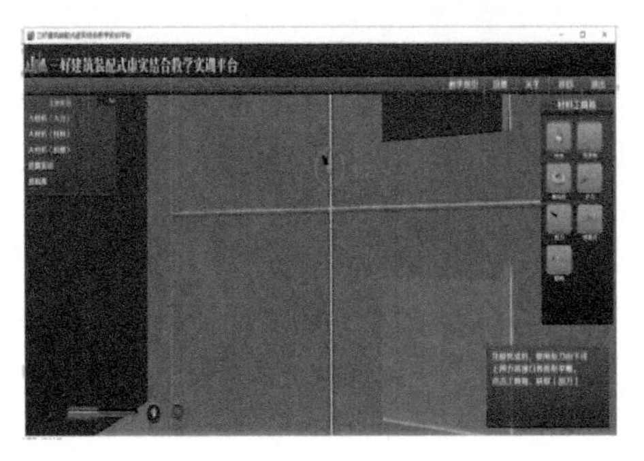

图 5-13 刮刀刮平收光

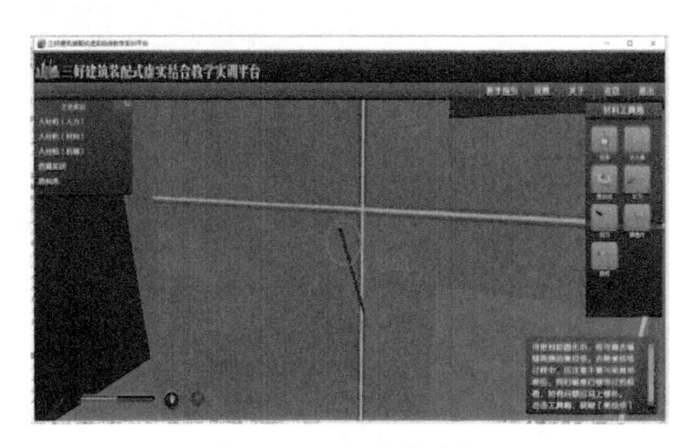

图 5-14 拆除美纹纸

4. 质量标准

1）外墙板勾缝前，应将板缝混凝土和灰浆清理干净，保证各层空腔上下贯通。

2）防水条宽度比槽宽 5mm，向里凹成弧形，上下搭接 15cm。

3）水平缝防水台里侧上部应塞油毡卷或聚苯乙烯条，如遇到板缝不规则，不能插入泡沫棒时，可满塞油膏处理。

5.1.2 外墙缝排水管安装

1. 外墙缝排水管安装图（图 5-15）

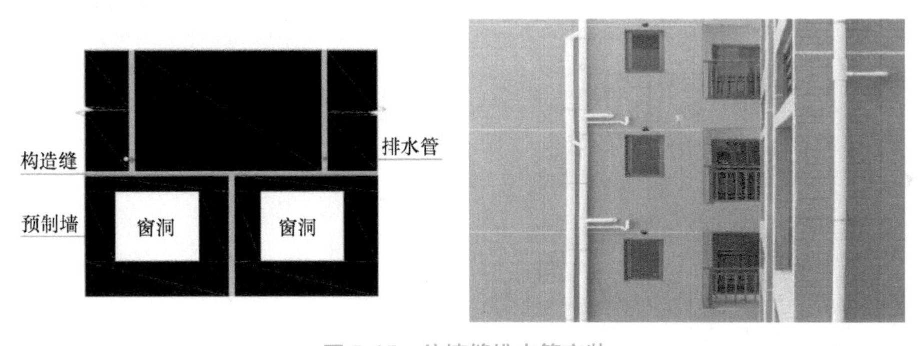

图 5-15 外墙缝排水管安装

2. 施工准备

外墙缝排水管施工所需要的工具有胶枪、刮刀、铲刀；材料需要美纹纸、泡沫棒、底漆、密封胶。施工前的作业条件应满足：

1）外墙已施工完成，并验收合格。

2）外挂架已经施工完毕，且验收合格。

3）墙面清理干净，具备施工条件。

3. 工艺流程（图 5-16）

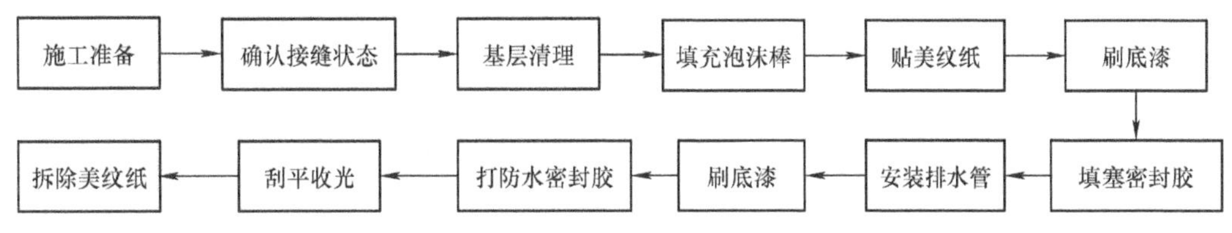

图 5-16 外墙缝排水管安装工艺流程

1）确认接缝状态。用钢卷尺测量接缝的宽度，如图 5-17 所示。确认是否符合设计标准，上下宽度是否一致，接缝内是否有浮浆等残留物。

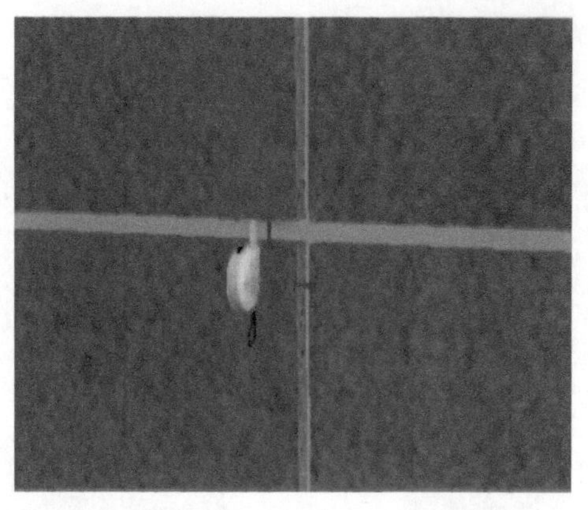

图 5-17　用钢卷尺测量接缝的宽度

2）基层清理。板缝内的浮浆和杂物用铲刀进行清除，并用毛刷清理干净，如图 5-18、图 5-19 所示。

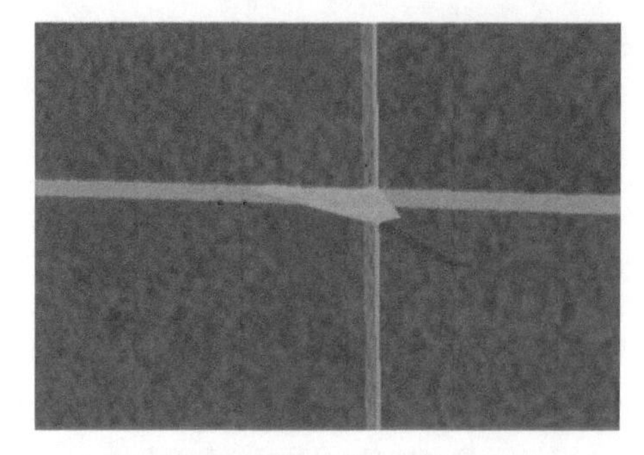

图 5-18　用铲刀清除浮浆和杂物

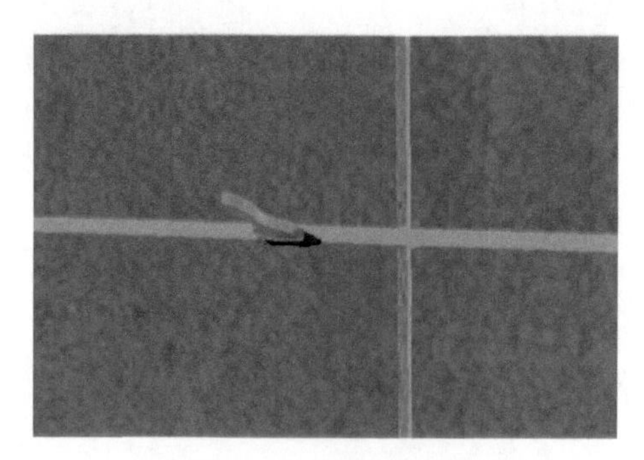

图 5-19　用毛刷清理干净

3）填充泡沫棒。在墙缝内塞入发泡聚乙烯棒等柔性材料以消除混凝土构件因气候温度变化而引起的形变，如图 5-20 所示。

4）贴美纹纸。沿预制墙板外侧的墙缝两侧各贴上一道美纹纸，如图 5-21 所示，目的是在处理墙缝时，防止两侧被防水密封胶污染。

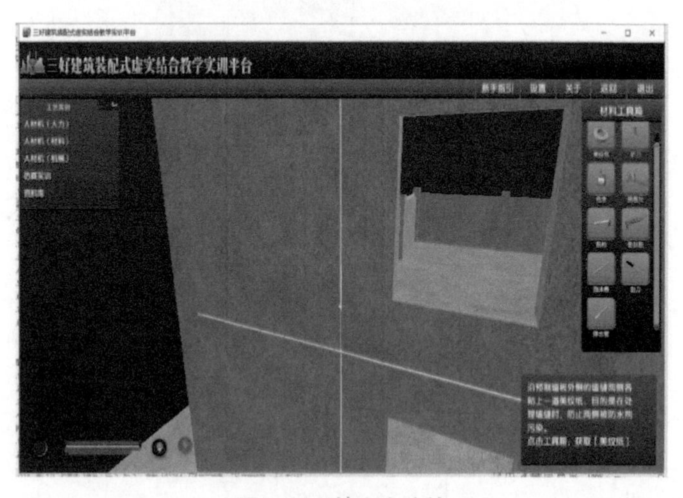

图 5-20　填充泡沫棒

图 5-21　贴美纹纸

5）刷底漆。在墙缝内部涂刷一层底漆，底漆应由密封胶厂家配制，不同底漆的操作条件和要求不同，操作时严格按照说明书所述方法使用。必须在底漆完全干化后进行注胶，否则会使粘合力下降。刷底漆如图 5-22 所示。

6）填塞密封胶。先在排水管下方填充密封胶，填充要密实饱满，以阻挡水继续下渗，同时方便排水管的安装固定。填塞密封胶如图 5-23 所示。

图 5-22 刷底漆

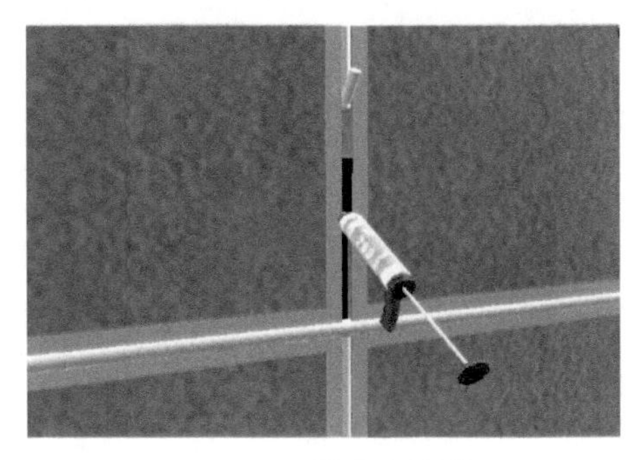
图 5-23 填塞密封胶

7）安装排水管。安装前检查排水管是否通透，排水管应选择直径在 8mm 以上的管，安装时应保证排水管突出外墙的部分至少 5mm，如图 5-24 所示，注意墙面与排水管的颜色应统一。

8）打防水密封胶。在底漆干化后立即进行注胶，注胶时应用一次完整的操作来完成。胶枪枪嘴的直径要小于注胶口厚度，使枪嘴伸入接口的二分之一深度，密封胶要均匀连续地以圆柱状挤出枪嘴，胶枪要均匀适度地移动，不能断断续续，这样胶缝才能均匀饱满。水平缝注胶时，应从一侧向另一侧单向注，不能两面同时注胶。打防水密封胶如图 5-25 所示。

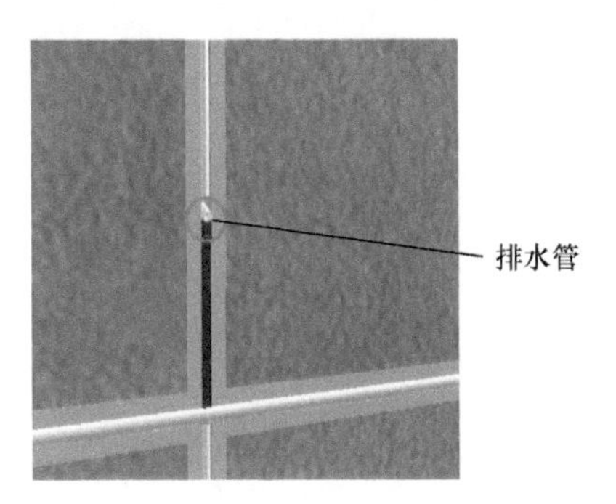

图 5-24 安装排水管

图 5-25 打防水密封胶

9）刮平收光。注胶完成后，使用刮刀由下往上用力将接口表面刮平整，如图 5-26 所示。

10）拆除美纹纸。待密封胶固化后，即可撕去墙缝两侧的美纹纸，如图 5-27 所示。去除美纹纸过程中，应注意不要污染其他部位，同时留意已修饰过的胶面，如有问题应马上修补。

图 5-26 刮刀刮平收光

图 5-27 拆除美纹纸

4. 质量标准

1）外墙板勾缝前，应将板缝混凝土和灰浆清理干净，保证各层空腔上下贯通。

2）防水条宽度比槽宽 5mm，向里凹成弧形，上下搭接 15cm。

3）水平缝防水台里侧上部应塞油毡卷或聚苯乙烯条，如遇到板缝不规则，不能插入泡沫棒时，可满塞油膏处理。

5.1.3 内墙拼缝处理

1. 内墙拼缝图（图 5-28、图 5-29）

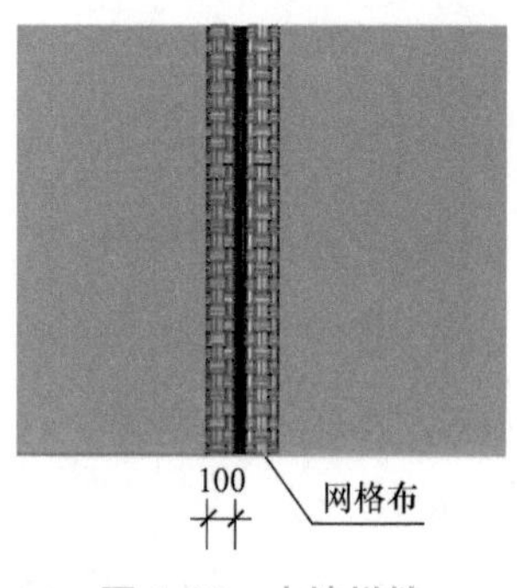

图 5-28 内墙拼缝

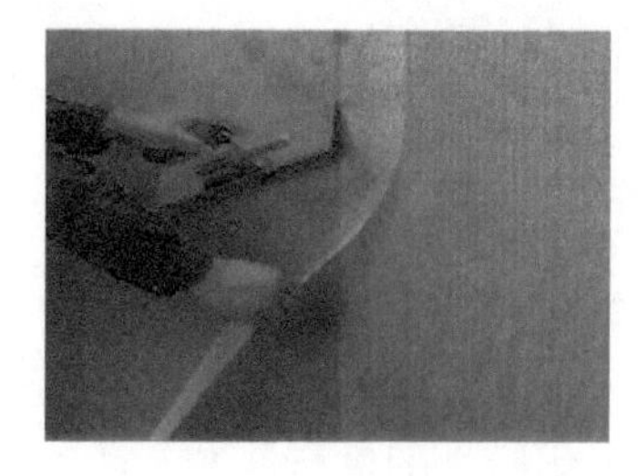

图 5-29 现场内墙拼缝施工

2. 施工准备

内墙拼缝处理施工所需要的工具有吹风机、角磨机、灰铲；材料需要腻子、抗裂砂浆、网格布。施工前的作业条件应满足：

1）主体结构已施工完成，并验收合格。

2）墙面清理干净，具备施工条件。

3. 工艺流程（图 5-30）

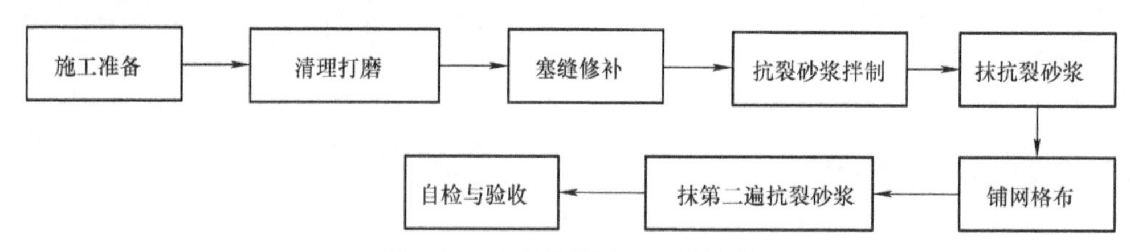

图 5-30 内墙拼缝处理工艺流程

1）清理打磨。用角磨机打磨墙体交接处，先打磨缝隙内部，再打磨缝隙周边，将表面浮浆打磨下去，如图 5-31 所示。

2）塞缝修补。用腻子塞缝，先修补缝内，再修补缝外，如图 5-32 所示。

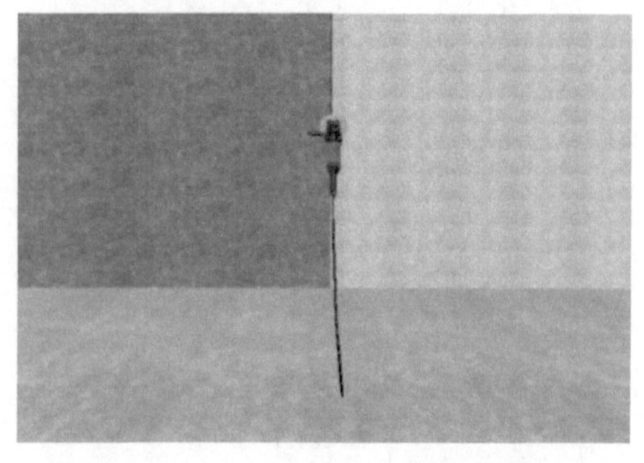

图 5-31 角磨机打磨墙面交接处

图 5-32 腻子塞缝修补

3）抗裂砂浆拌制。用机械搅拌抗裂砂浆，如图 5-33 所示。拌合物应均匀无结块，稠度控制在砂浆容易压实且同时不会往下流淌的状态。

4）抹抗裂砂浆。对基层面应适当洒水湿润，如图 5-34 所示。然后基底抹第一遍抗裂砂浆，如图 5-35 所示。

图 5-33 搅拌抗裂砂浆

图 5-34 洒水湿润墙面

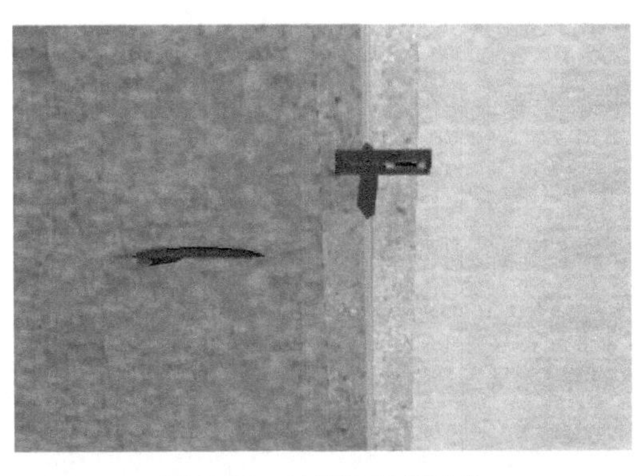

图 5-35 抹底层抗裂砂浆

5）铺网格布。网格布应展平，保证不弯曲起拱，拼缝搭接宽度不应小于100mm，如图5-36、图5-37所示。

图 5-36 网格布铺平

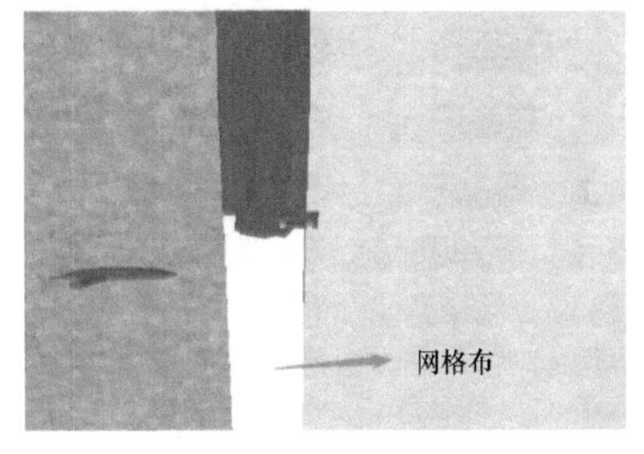

图 5-37 网格布拼缝搭接

6）抹第二遍抗裂砂浆。抗裂砂浆不应过厚，与墙面保持一个平面，同时应保证网格布不外露，如图5-38所示。在阴阳角位置，应注意保持阴阳角顺直。

图 5-38 抹第二遍抗裂砂浆

4. 质量标准

1）对基面应适当洒水湿润，第一遍抗裂砂浆厚度应在3~4mm左右，表面比两侧墙体厚度应低2~3mm。

2）网格布与两侧墙体搭接长度不宜小于100mm。

3）阴阳角应保持顺直、方正。

5.2 节点构造

从装配式结构上分，节点有柱—柱节点、梁—柱节点、主—次梁节点等。本节主要从后浇节点的钢筋绑扎、模板安装和混凝土浇筑，以及梁—柱节点、主—次梁节点、梁—梁节点、柱—柱节点等方面按施工流程展开介绍。

5.2.1 后浇节点钢筋绑扎

1. 后浇节点钢筋绑扎图（图 5-39、图 5-40）

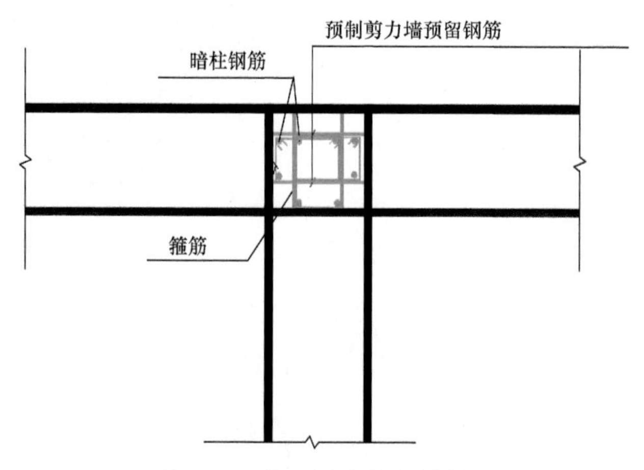

图 5-39 后浇节点钢筋绑扎详图

图 5-40 现场钢筋绑扎

2. 施工准备

后浇节点钢筋绑扎施工所需要的工具有钢卷尺、铅笔、墨斗、錾子、锤子、钢筋钩子；材料需要钢筋、保护层卡子。施工前的作业条件应满足：

1）根据图纸由专业人员配筋，注意钢筋保护层厚度、搭接长度、锚固要求、弯曲要求等。

2）对墙柱内的水电预留预埋管线、洞口的线路和位置进行标记，严禁随意施工。

3）墙柱钢筋施工前应先根据控制线放出墙柱边线，防止钢筋偏位。

3. 工艺流程（图 5-41）

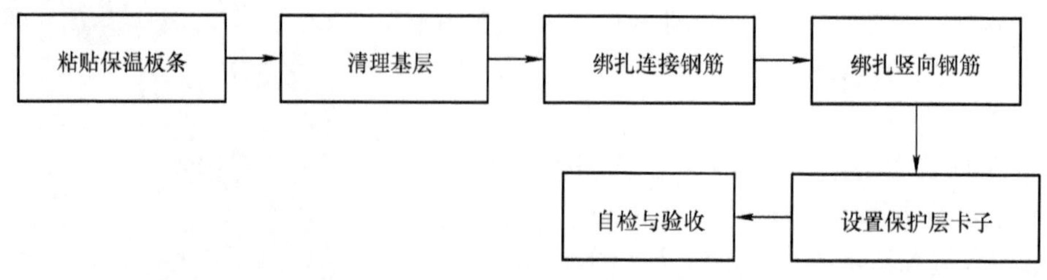

图 5-41 钢筋绑扎工艺流程

1）粘贴保温板条。外墙三明治墙板接缝处，保温板有 6cm 间距，在绑扎钢筋前需要用保温板填补。用钢卷尺测量板缝间距，如图 5-42 所示，确定需要填补的保温板宽度，切割出合适的保温板条，用粘结剂涂刷后，粘贴到合适的位置，如图 5-43 所示。

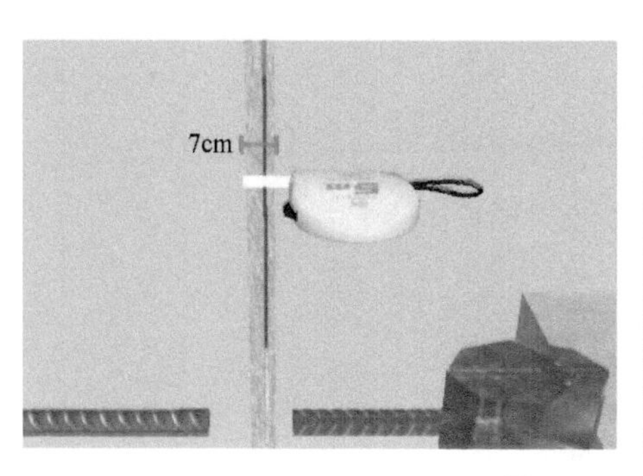

图 5-42 测量尺寸

2）清理基层。用錾子清理板面的浮浆，如图 5-44 所示，并将连接面凿毛，用扫帚和吹风机清理干净灰渣和落下的灰尘。

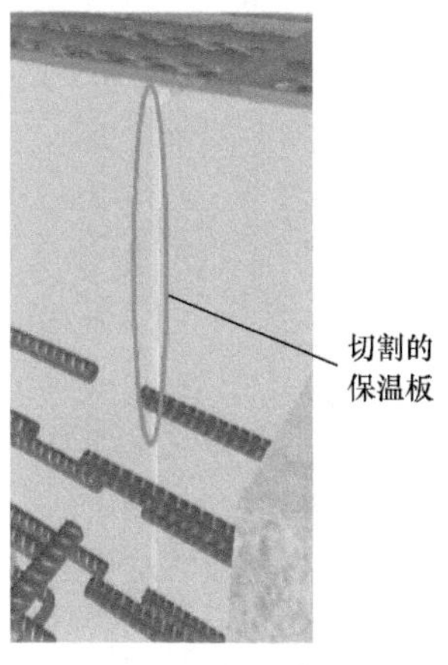

图 5-43 填塞保温板

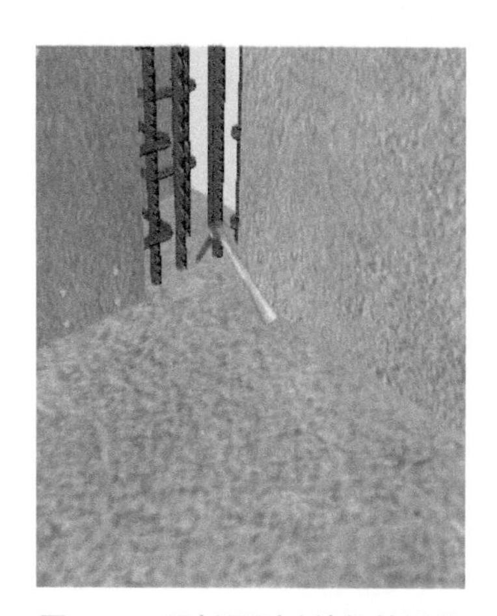

图 5-44 用錾子剔除墙根的浮浆

3）绑扎连接钢筋。根据设计图纸的配筋图，分别安置后浇段节点中翼墙及腹墙的附加连接钢筋，如图 5-45 所示，连接钢筋应与预留钢筋对齐，并应距预制构件边缘≥ 10mm。

4）绑扎竖向钢筋。后浇节点竖向受力钢筋绑扎可采用搭接绑扎，也可以采用套筒连接。搭接绑扎时注意搭接长度符合规范要求，搭接段需要用扎丝绑扎 3 道，如图 5-46、图 5-47 所示。

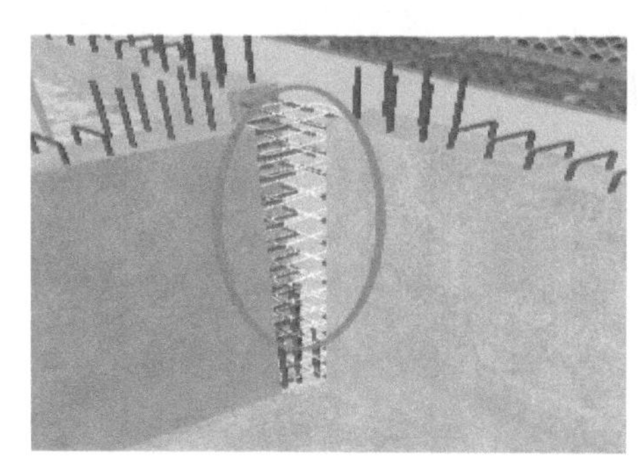

图 5-45 安置附加连接钢筋

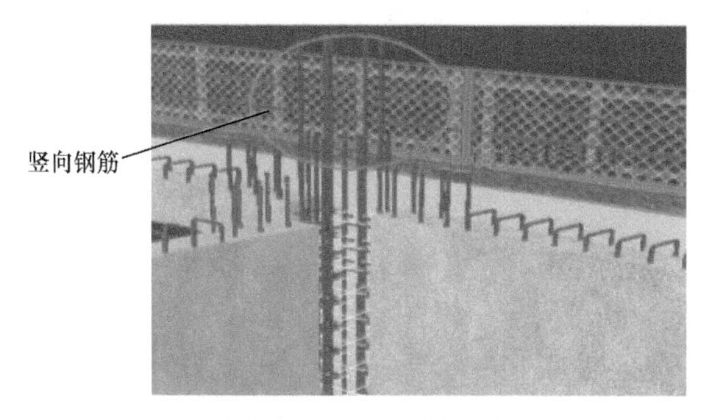

图 5-46 竖向分布钢筋接长

图 5-47 钢筋钩子绑扣

5）设置保护层卡子。将竖向受力钢筋绑扎完成后，需要安装钢筋保护层卡子，如图 5-48 所示。

图 5-48　设置保护层卡子

6）自检与验收。用钢卷尺检查箍筋间距是否符合规范要求，保护层卡子是否在墙体范围内，如图 5-49 所示。

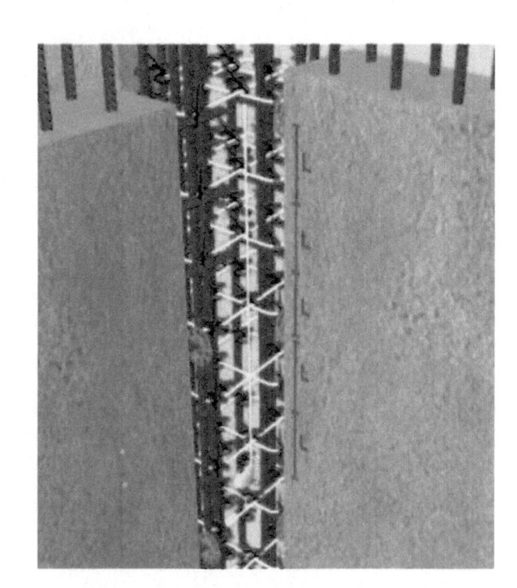

图 5-49　用钢卷尺自检

4. 质量标准

1）同一构件中相邻纵向受力钢筋的绑扎搭接接头宜相互错开。

2）绑扎接头钢筋的横向净距不应小于钢筋直径，且不应小于 25mm，钢筋绑扎接头连接区段的长度为 1.3L_1，L_1 为搭接长度。

3）凡搭接接头中点位于该区段长度内的搭接接头均属于同一区段。

4）同一连接区段内，纵向受力钢筋搭接接头面积百分率应符合设计要求。

5）当设计无具体要求时，应符合下列规定：对梁类、板类及墙类构件，接头面积百分率不宜大于 25%；对柱类构件，不宜大于 50%。

6）当工程确有必要增大接头面积百分率时，对梁类构件不应大于 50%，对其他构件可根据实际情况放宽条件。

5.2.2　后浇节点混凝土浇筑

1. 后浇节点混凝土浇筑图（图 5-50、图 5-51）

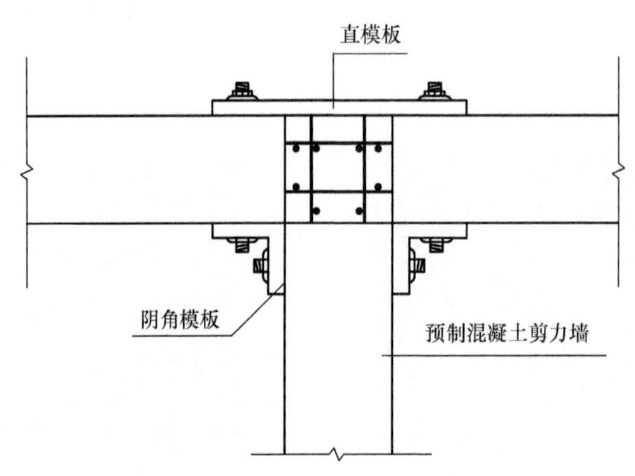

图 5-50　后浇节点混凝土浇筑详图

图 5-51 后浇节点混凝土浇筑

2. 施工准备

后浇节点混凝土浇筑施工所需要的工具有钢卷尺、斜支撑、独立支撑、吊线锤；机械需要布料机、振捣棒；材料需要砂浆、混凝土。施工前的作业条件应满足：

1）根据图纸设计，确认混凝土强度，并做好实验。

2）模板支设完成，并经过监理验收。

3）合理安排混凝土工，并在浇筑前组织工人进行技术安全交底。

3. 工艺流程（图 5-52）

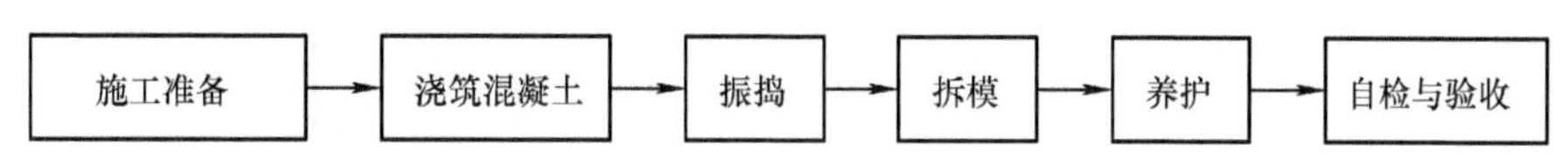

图 5-52 后浇节点混凝土浇筑施工工艺流程

1）在混凝土浇筑前，先输送同配合比的水泥砂浆或者润管剂进行润管，对混凝土泵及输送管道进行润湿和润滑，然后才能开始输送混凝土，如图 5-53 所示。

2）在浇筑墙柱等构件混凝土时，先在底部铺 20~30mm 厚减石子混凝土，如图 5-54 所示，以避免根部出现烂根、蜂窝等现象。

图 5-53 布料机软管输送混凝土

图 5-54 浇筑砂浆

3）混凝土浇筑时应分层浇筑振捣，每层浇筑厚度应为插入式振捣棒有效作用长度的 1.25 倍。每次浇筑高度宜控制在总高度的 1/3，分三次浇完，且上层混凝土应在下层混凝土初凝之前浇筑完毕，如图 5-55 所示。

4）用插入式振捣棒振捣混凝土时振捣棒应垂直于混凝土表面，并采用快插慢拔的方式均匀振捣，当混凝土表面无明显塌陷并有水泥浆出现，且不再冒气泡时，即可结束该部位振捣。振捣时不得触动钢筋及预埋构件，与模板的距离不应大于振捣棒作用半径的 1/2，振捣插点间距不应大于振捣棒作用半径的 1.4 倍，如图 5-56 所示。

图 5-55 浇筑混凝土

图 5-56 振捣棒振捣

5）使用同样的方法浇筑第二层混凝土并振捣，振捣棒的前端应插入前一层混凝土中，插入深度不小于 50mm，如图 5-57 所示。

图 5-57 浇筑混凝土并振捣

6）继续浇筑混凝土直至达到板底高度，如图 5-58 所示。

7）混凝土浇筑完毕后，应及时用钢筋扳子将歪斜的钢筋进行整理，如图 5-59 所示。

图 5-58 继续浇筑混凝土

图 5-59 钢筋扳子整理歪斜的钢筋

8）使用木抹子按预定标高线将墙顶部混凝土找平，如图 5-60 所示。

9）混凝土浇筑完成后，其强度达到可保证表面及棱角不受损伤时，即可拆除侧面模板，如图 5-61 所示。

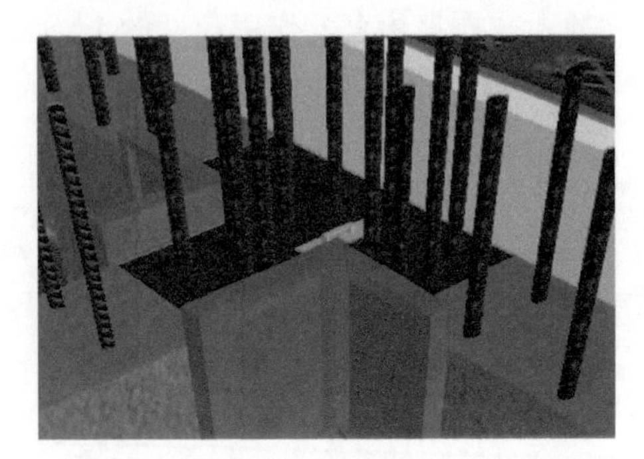

图 5-60 木抹子找平

图 5-61 拆除模板

10）拆模后，墙、柱混凝土可采用洒水养护，如图5-62所示，必要时也可采用覆盖或喷涂养护剂养护，养护时间一般不得少于7d。

4. 质量标准

1）防止离析，保证混凝土的均匀性。浇筑中，当混凝土自由倾落高度较大时，易产生离析现象，若混凝土自由下落高度超过2m，要沿溜槽下落。当混凝土浇筑深度超过8m时，则应采用带节管的振动串筒。

2）分层浇筑，分层捣实。混凝土进行分层浇筑时，分层厚度可按相关的规定。混凝土分层浇筑的间隔时间超过混凝土初凝时间，会出现冷缝，使混凝土的抗渗、抗剪能力明显下降，严重影响混凝土的整体质量。因此在施工过程中，其允许间隔时间要符合规范要求。

3）正确留置施工缝。施工缝是新浇筑混凝土与已经凝固混凝土的结合面，它是结构的薄弱环节，为保证结构的整体性，混凝土一般应连续浇筑，如因技术或组织上的原因不能连续浇筑，且停歇时间有可能超过混凝土的初凝时间时，则应预先确定在适当的位置留置施工缝。施工缝宜留在剪力较小且便于施工的部位。

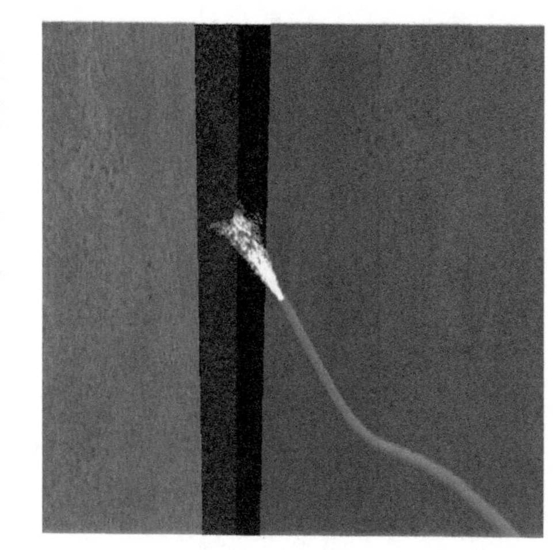

图5-62　洒水养护

5.2.3　预制装配式混凝土梁柱节点

1. 预制混凝土梁柱节点图片（图5-63、图5-64）

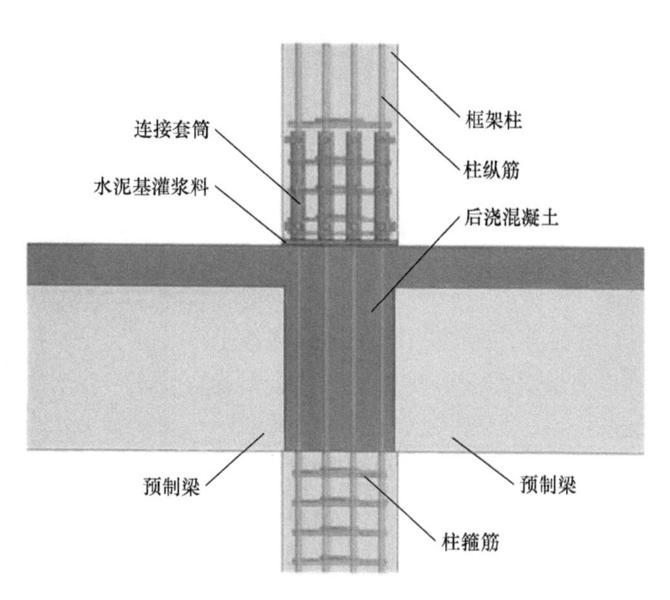

图5-63　预制混凝土梁柱节点立面图

图5-64　预制混凝土梁柱节点施工

2. 施工准备

预制装配式混凝土梁柱节点施工所需要的工具有钢卷尺、斜支撑、独立支撑、吊线锤、撬棍等；机械需要塔式起重机；材料需要叠合梁钢筋等。施工前的作业条件应满足：

1）预制构件已经提前进场，并验收合格。

2）预制框架梁已经施工完毕，且验收合格。

3）场地清理干净，具备施工条件。

3. 工艺流程（图 5-65）

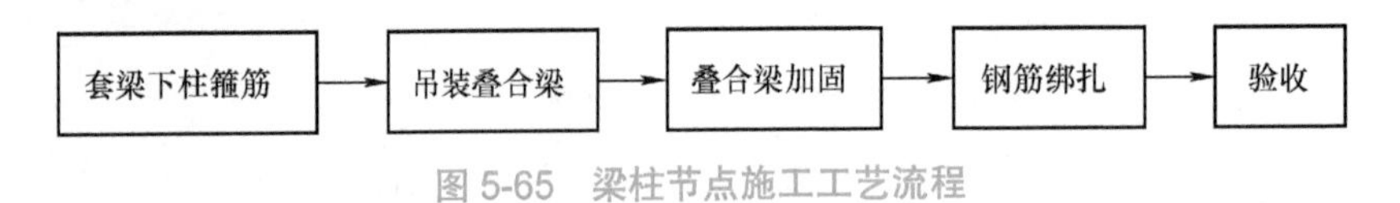

图 5-65　梁柱节点施工工艺流程

1）套梁下柱箍筋。根据梁锚固筋长度和高度关系，柱顶需要先套 1~2 道箍筋，防止架上叠合梁后无法套入箍筋。柱箍筋需要加密，加密数满足规范要求。

① 测量人员根据设计图纸及楼层定位线进行放样，确保叠合梁定位准确，如图 5-66 所示。

② 梁底支撑采用双排支撑体系，支撑位置要平衡、稳定。对于长度大于 4m 的叠合梁，底部不得少于 3 个支撑点，大于 6m 时不得少于 4 个，如图 5-67 所示。

图 5-66　测量定位

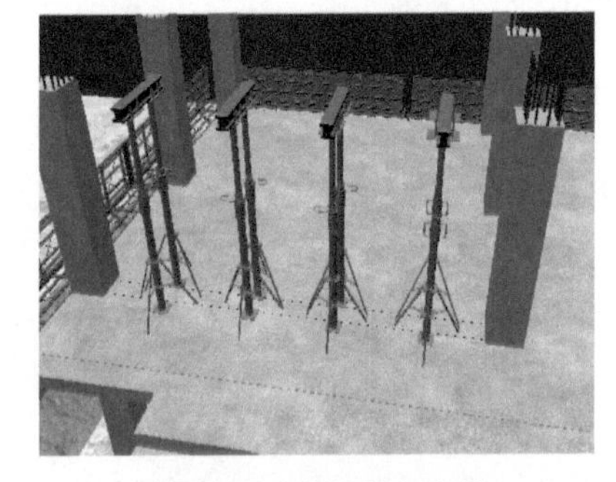

图 5-67　放置独立支撑

③ 由于存在叠合梁吊装和柱钢筋干涉的问题，所以在绑扎钢筋的时候应注意提前套入梁下柱箍筋，如图 5-68 所示。

2）吊装叠合梁。叠合梁吊装采用专用吊具，吊装路线上不得站人。叠合梁缓慢落在已安装好的底部支撑上，叠合梁端应锚入柱内 15mm。叠合梁落位后，根据楼内 500mm 控制线，精确测量梁底标高，调节至设计要求。检查并调整叠合梁的位置和垂直度，达到规范规定的允许范围。具体施工如图 5-69~图 5-72 所示。

图 5-68　套梁下柱箍筋

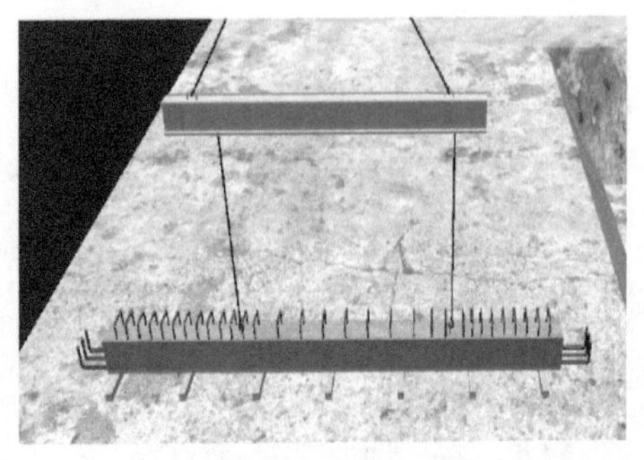

图 5-69　吊装叠合梁

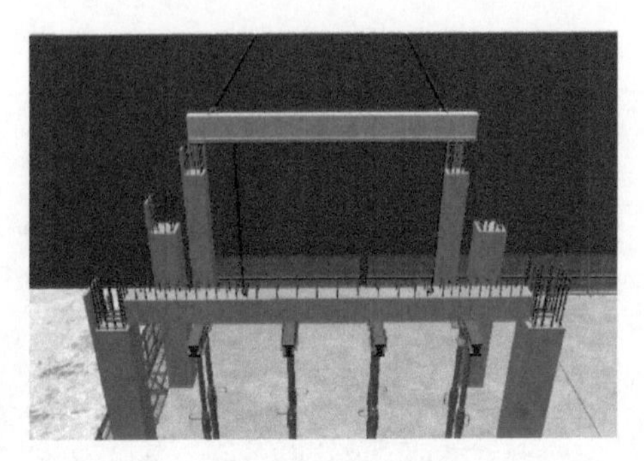

图 5-70　放置叠合梁

图 5-71　钢卷尺测量

图 5-72　吊线锤检测

3）叠合梁加固。分别在梁侧及楼板上的临时支撑预留螺母处安装支撑底座，支撑底座应安装牢固可靠，无松动现象。利用可调式支撑杆将叠合梁与楼面临时固定，如图 5-73 所示。每个构件至少使用两根斜支撑进行固定，并要安装在构件的同一侧面，确保构件稳定后方可摘除吊钩。

4）钢筋绑扎。梁上部钢筋绑扎前需要加入抗剪钢筋，梁钢筋直锚长度入柱内不小于 $0.4l_{aE}$ 且伸入到柱边，弯锚不小于 $5d$。梁柱接头区域柱箍筋需加密，加密数量满足规范要求。具体施工如图 5-74、图 5-75 所示。

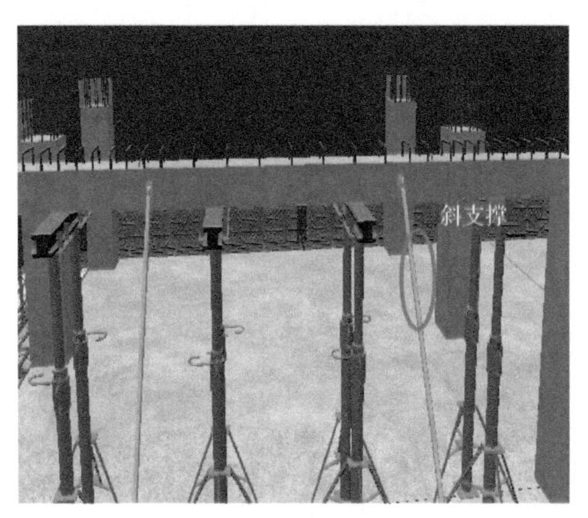

图 5-73　斜支撑固定

图 5-74　箍筋加密

图 5-75　钢筋绑扎

4. 质量标准

1）抗震等级为一、二级的叠合框架梁的梁端箍筋加密区宜采用整体封闭箍筋。当叠合梁受扭时宜采用整体封闭箍筋，且整体封闭箍筋的搭接部分宜设置在预制部分。

2）当采用组合封闭箍筋时，开口箍筋上下两端应做成 135° 弯钩，框架梁弯钩平直段长度不应小于 $10d$，次梁弯钩平直段长度不应小于 $5d$，现场应采用箍筋帽封闭开口箍，箍筋帽宜梁端做成 135° 弯钩，也可做成一端 135°、一端 90° 弯钩，但 135° 弯钩和 90° 弯钩应沿纵向受力钢筋方向交错设置。框架梁弯钩平直段长度不应小于 $10d$，次梁 135° 弯钩平直段长度不应小于 $5d$，90° 弯钩平直段长度不应小于 $10d$。

3）框架梁箍筋加密区长度内的箍筋肢距：一级抗震等级，不宜大于 200mm 和 20 倍箍筋直径的较大值，且不应大于 300mm；二、三级抗震等级，不宜大于 250mm 和 20 倍箍筋直径的较大值，且不应大于 350mm；四级抗震等级，不宜大于 300mm，且不应大于 400mm。

5.2.4 预制装配式混凝土主次梁连接节点

1. 预制装配式混凝土主次梁节点图片（图 5-76~ 图 5-78）

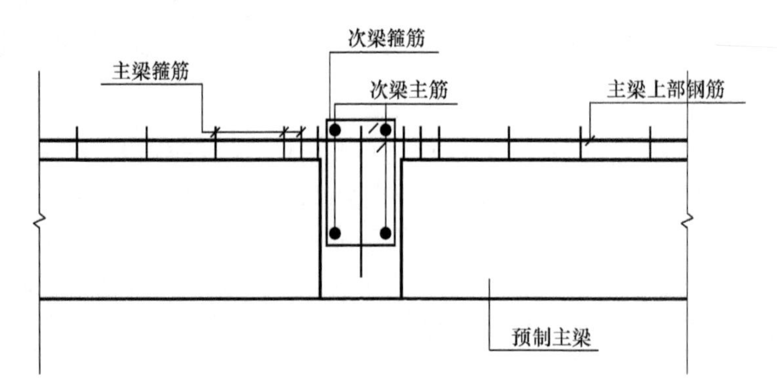

图 5-76 预制装配式混凝土主次梁节点立面图

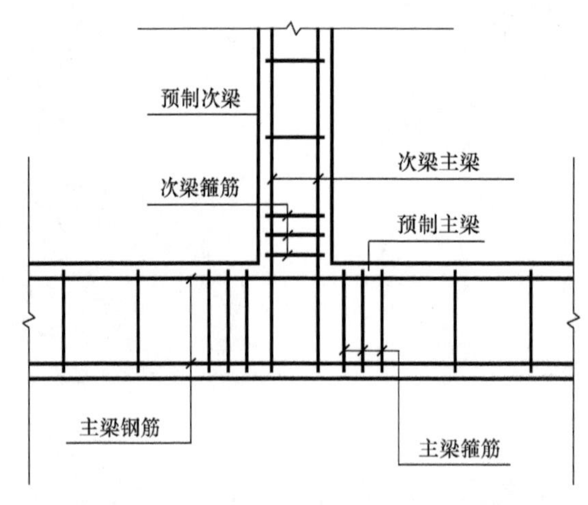

图 5-77 预制装配式混凝土主次梁节点俯视图

图 5-78 预制装配式混凝土主次梁节点现场施工

2. 施工准备

预制装配式混凝土主次梁节点施工所需要的工具有钢卷尺、斜支撑、独立支撑、吊线锤、撬棍等；机械需要塔式起重机；材料需要叠合梁、钢筋、海绵条等。施工前的作业条件应满足：

1）预制构件已经提前进场，并验收合格。

2）预制框架梁已经施工完毕，且验收合格。

3）场地清理干净，具备施工条件。

3. 工艺流程（图 5-79）

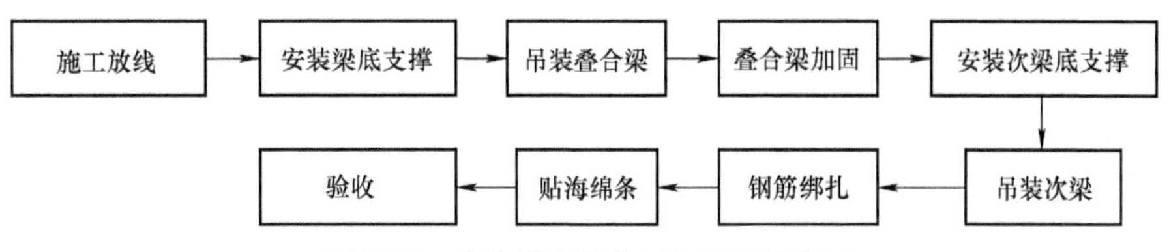

图 5-79　主次梁连接节点施工工艺流程

1）施工放线。根据楼层定位线放出梁边线，作为梁定位的控制线，如图 5-80 所示。

2）安装梁底支撑。梁底支撑采用双排支撑体系，支撑位置要平衡、稳定，如图 5-81 所示。对于长度大于 4m 的叠合梁，底部不得少于 3 个支撑点，大于 6m 时不得少于 4 个。

图 5-80　测量放线

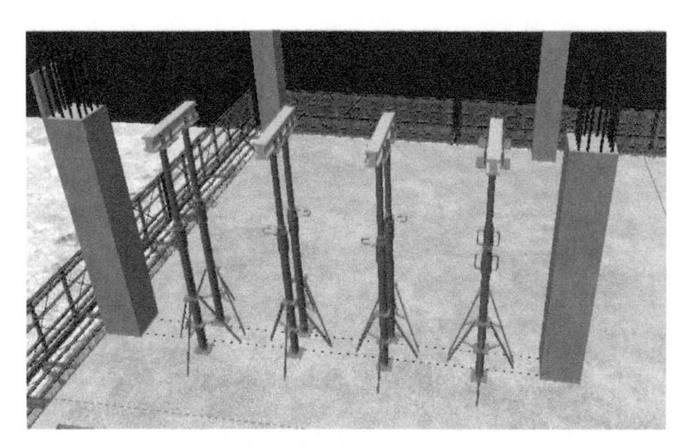

图 5-81　放置独立支撑

3）吊装叠合梁。叠合梁吊装采用专用吊架，应保证吊绳的角度大于 60°，吊装线路上不能站人。叠合梁落位后，根据楼内 500mm 控制线，精确测量梁底标高，调节至设计要求。用吊线锤检查并调整叠合梁的位置和垂直度，达到规范规定的允许范围。具体施工如图 5-82~ 图 5-84 所示。

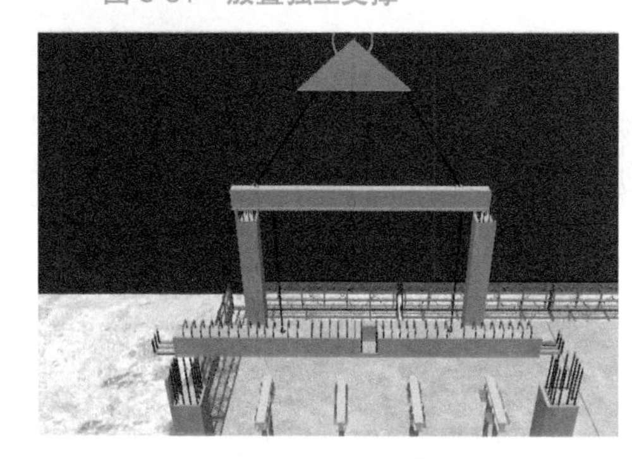

图 5-82　放置叠合梁

图 5-83　钢卷尺测量

图 5-84　使用吊线锤检测

4）叠合梁加固。叠合梁用斜支撑加固，如图 5-85 所示。梁侧面预先有连接孔，在地面用电钻钻孔，将膨胀管放入孔内，斜支撑用螺栓固定稳定。叠合梁固定完成后，方可拆除吊钩。

5）安装次梁底支撑。梁底支撑采用双排支撑体系，支撑位置要平衡、稳定，如图 5-86 所示。对于长度大于 4m 的叠合梁，底部不得少于 3 个支撑点，大于 6m 时不得少于 4 个。

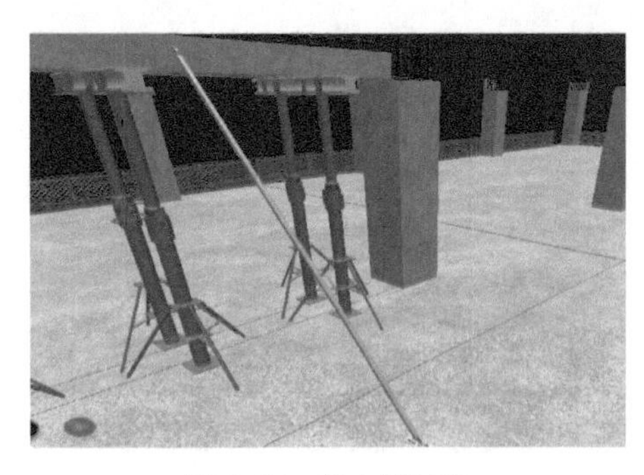

图 5-85　斜支撑固定

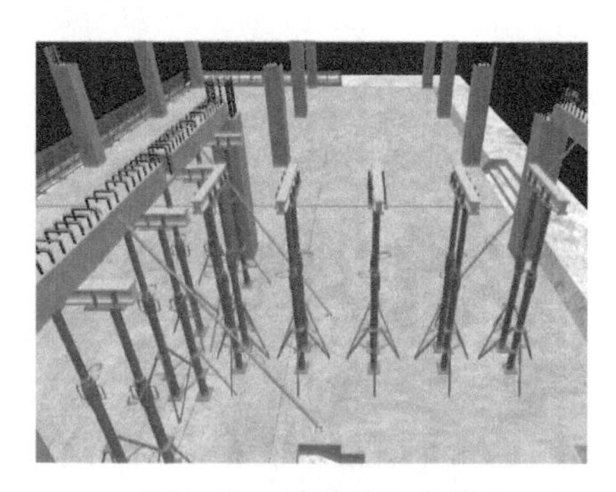

图 5-86　放置独立支撑

6）吊装次梁。次梁吊装同样要采用专用吊架，如图 5-87 所示，根据楼层内 500mm 控制线，调整次梁高度，同时核对主梁相对位置及高度是否符合设计要求。次梁锚固长度不应小于 12*d*。

图 5-87　吊装次梁

7）钢筋绑扎。主次梁交接处主梁筋需要加密，箍筋间距不应大于 5*d*（*d* 为纵向钢筋直径），且不大于 100mm。先穿入次梁面筋，次梁面筋在现浇层应贯通。再穿入主梁面筋，主梁面筋应在次梁面筋下方，用扎丝绑扎牢固。钢筋绑扎如图 5-88 所示。

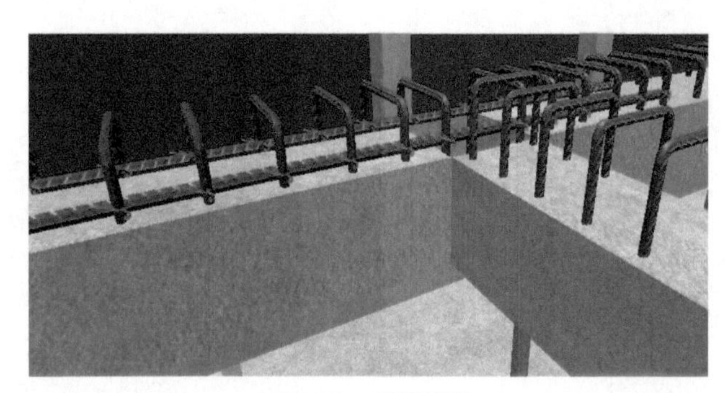

图 5-88　钢筋绑扎

8）贴海绵条。在主次梁接缝处粘贴海绵条，确保混凝土浇筑时不会漏浆，如图 5-89 所示。待叠合楼板施工完成后，一同进行混凝土浇筑。

图 5-89　粘贴海绵条

4. 质量标准

1）抗震等级为一、二级的叠合框架梁的梁端筋加密区宜采用整体封闭筋；当叠合梁受扭时宜采用整体封闭筋且整体封闭筋的搭接部分宜设置在预制部分。

2）当采用组合封闭箍筋时，开口箍筋上下两端应做成 135° 弯钩，框架梁弯钩平直段长度不应小于 10*d*，次梁弯钩平直段长度不应小于 5*d*，现场应采用箍筋帽封闭开口箍，箍筋帽宜梁端做成 135° 弯钩，也可做成一端 135°、一端 90° 弯钩，但 135° 弯钩和 90° 弯钩应沿纵向受力钢筋方向交错设置。框架梁弯钩平直段长度不应小于 10*d*，次梁 135° 弯钩平直段长度不应小于 5*d*，90° 弯钩平直段长度不应小于 10*d*。

3）框架梁箍筋加密区长度内的箍筋肢距：一级抗震等级，不宜大于 200mm 和 20 倍箍筋直径的较大值，且不应大于 300mm；二、三级抗震等级，不宜大于 250mm 和 20 倍箍筋直径的较大值，且不应大于 350mm；四级抗震等级，不宜大于 300mm，且不应大于 400mm。

5.2.5 大跨度两段 PC 叠合梁（梁梁连接节点）

1. 大跨度两段 PC 叠合梁（图 5-90、图 5-91）

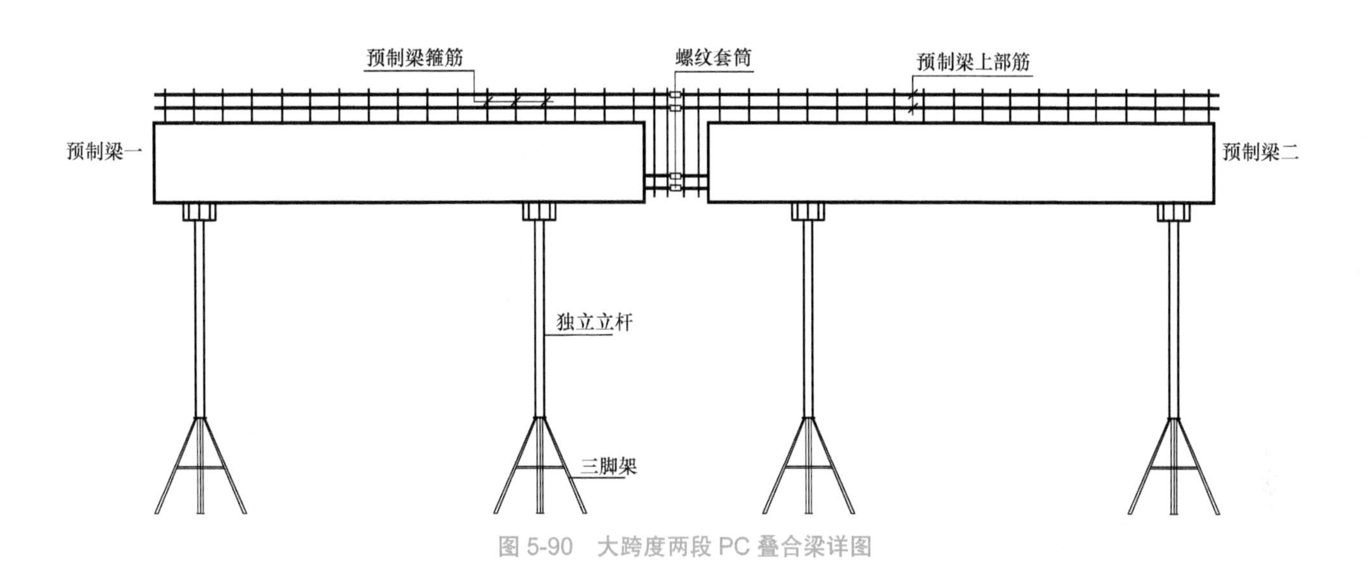

图 5-90 大跨度两段 PC 叠合梁详图

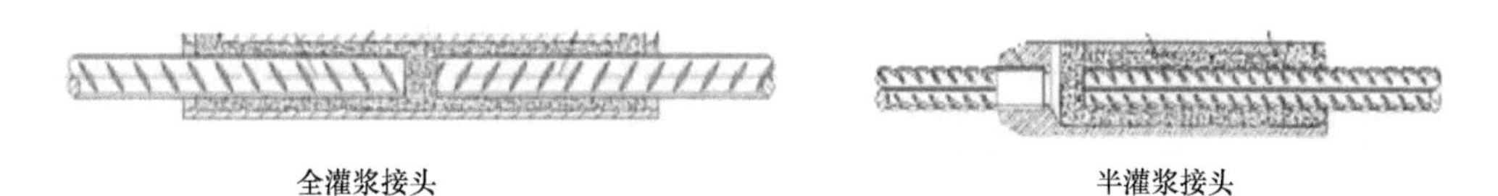

图 5-91 两段 PC 叠合梁接头

2. 施工准备

大跨度两段 PC 叠合梁施工所需要的工具有钢卷尺、斜支撑、独立支撑、吊线锤；机械需要灌浆机；材料需要叠合梁、钢筋、生胶带。施工前的作业条件应满足：

1）预制构件已经提前进场，并验收合格。

2）楼面已经施工完毕，且验收合格。

3）场地清理干净，具备施工条件。

3. 工艺流程（图 5-92）

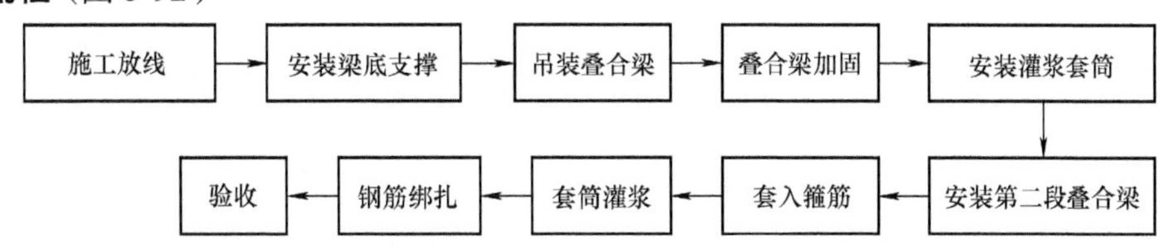

图 5-92 大跨度两段 PC 叠合梁施工工艺流程

1）施工放线。根据已知楼层控制线，准确放出叠合梁的定位线，如图 5-93 所示。定位线要精准，因为装配式结构以拼接为主，若出现较大误差就有可能造成其他部分无法拼接对准。

2）安装梁底支撑。梁底支撑采用独立式三角支撑体系，如图 5-94 所示，支撑杆顶架设独立顶托，用工字木托梁。立杆间距符合规范要求，每排两根独立支撑。

图 5-93 测量放线

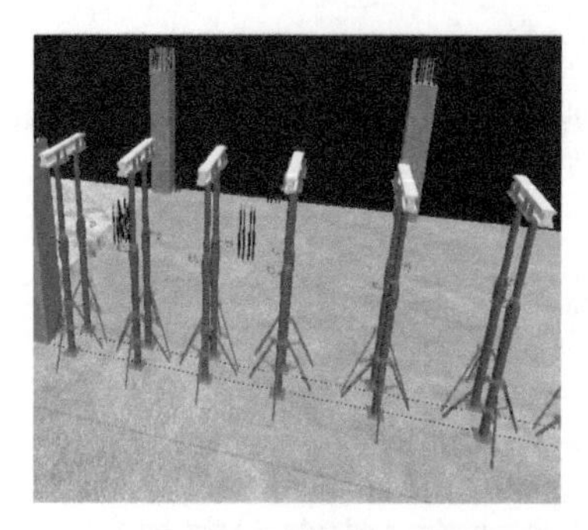

图 5-94 放置独立支撑

3）吊装叠合梁。叠合梁吊装采用专用吊具，吊装路线上不得站人。叠合梁缓慢落在已安装好的底部支撑上，叠合梁端应锚入柱内 15mm。叠合梁落位后，根据楼内 500mm 控制线，精确测量梁底标高，调节至设计要求。检查并调整叠合梁的位置和垂直度，达到规范规定的允许范围。具体施工如图 5-95~ 图 5-97 所示。

图 5-95 吊装叠合梁

图 5-96 钢卷尺测量

图 5-97 使用吊线锤检测

4）叠合梁加固。分别在梁侧及楼板上的临时支撑预留螺母处安装支撑底座，支撑底座应安装牢固可靠，无松动现象。利用可调式支撑杆将叠合梁与楼面临时固定，每个构件至少使用两根斜支撑进行固定，并要安装在构件的同一侧面，确保构件稳定后方可摘除吊钩。斜支撑固定如图 5-98 所示。

5）安装第二段叠合梁。第二段叠合梁安装工艺同第一段。

6）套入箍筋（图 5-99）。梁梁之间连接部分采用后浇，箍筋需要加密，加密间距不大于 100mm。

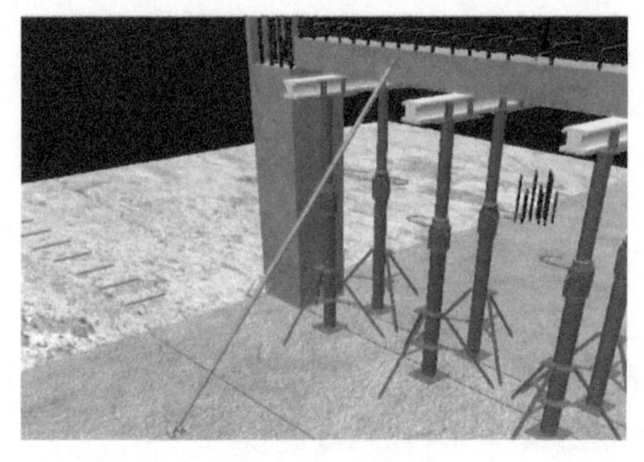

图 5-98 斜支撑固定

图 5-99 套入箍筋

7）安装灌浆套筒。梁梁连接采用全灌浆套筒，全灌浆套筒接头两端均采用灌浆方式连接钢筋，适用于竖向构件（墙、柱）和横向构件（梁）的钢筋连接。安装灌浆套筒如图 5-100 所示。

8）套筒灌浆。两段梁钢筋采用套筒连接，用生胶带将套筒密封，用灌浆机灌浆连接。灌浆口朝上，灌浆料达到强度要求后，拆除生胶带。具体施工如图 5-101~ 图 5-103 所示。

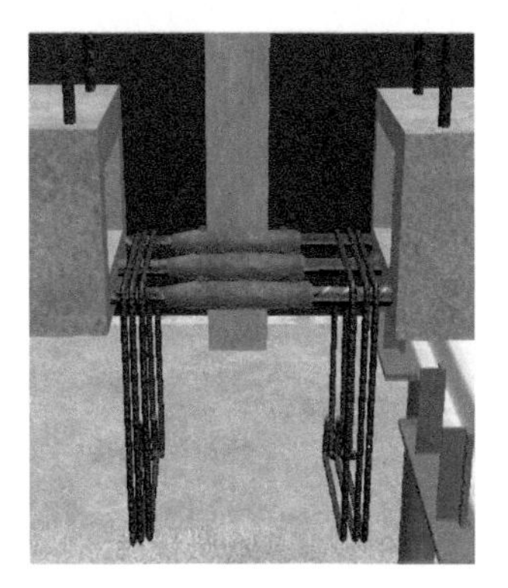

图 5-100　安装灌浆套筒

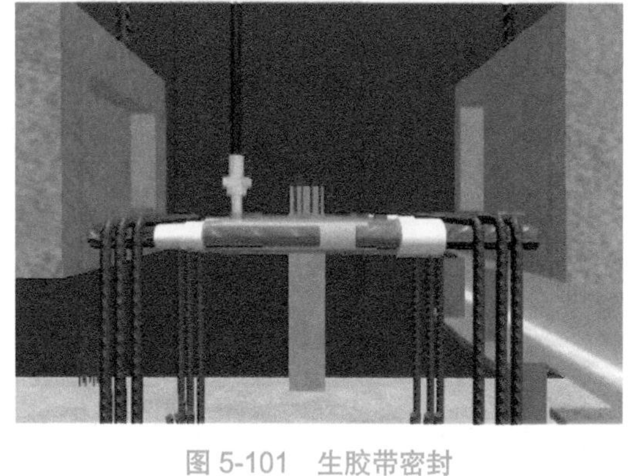

图 5-101　生胶带密封

图 5-102　灌浆机灌浆

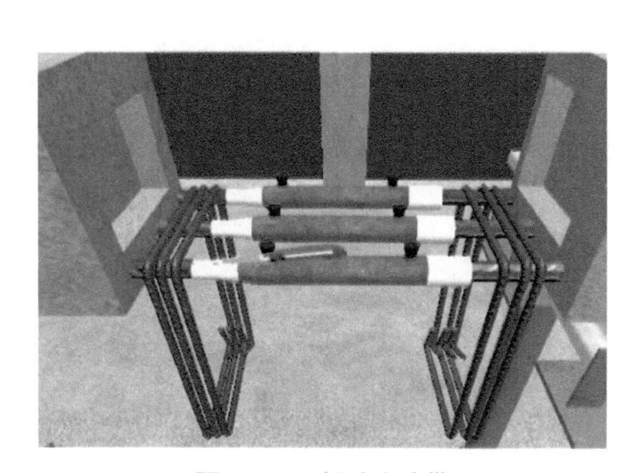

图 5-103　拆除生胶带

9）钢筋绑扎。在灌浆强度达到设计标准后，将预先套入的箍筋按设计间距绑扎。然后穿入抗剪钢筋和梁面筋，并绑扎牢固。具体施工如图 5-104、图 5-105 所示。

图 5-104　钢筋绑扎

图 5-105　放置通长钢筋

4. 质量标准

1）在底部结构正式施工前，必须布设好上部结构施工所需的轴线控制点，所设的基准点组成一个闭合线，以便进行复核和校正。

2）楼层观测孔的施工放样，应在底层轴线控制点布设后，用线锤把该层底板的轴线基准点引测到顶板施工面，用此方法把观测孔位预留正确，以确保工程质量。

3）用钢尺工作应进行钢尺误差鉴定，温度测定误差的修正，并消除定线误差、钢尺倾斜误差、拉力不均匀误差、钢尺对准误差、读数误差等。

4）每层轴线之间的偏差在 ±2mm 以内，层高垂直偏差在 ± 2mm 以内，所有测量计算值均应列表，并应有计算人、复核人签字。在仪器操作上，测站与后视方向应用控制网点，避免转站而造成积累误差。定点测量应避免垂直角大于 45°。对易产生位移的控制点，使用前应进行校核。在 3 个月内，必须对控制点进行校核，避免因季节变化而引起的误差。在施工过程中，要加强对层高和轴线以及净空平面尺寸的测量复核工作。

5.2.6 大层高 PC 柱分段预制（柱柱连接）

1. 大层高 PC 柱分段预制图片（图 5-106、图 5-107）

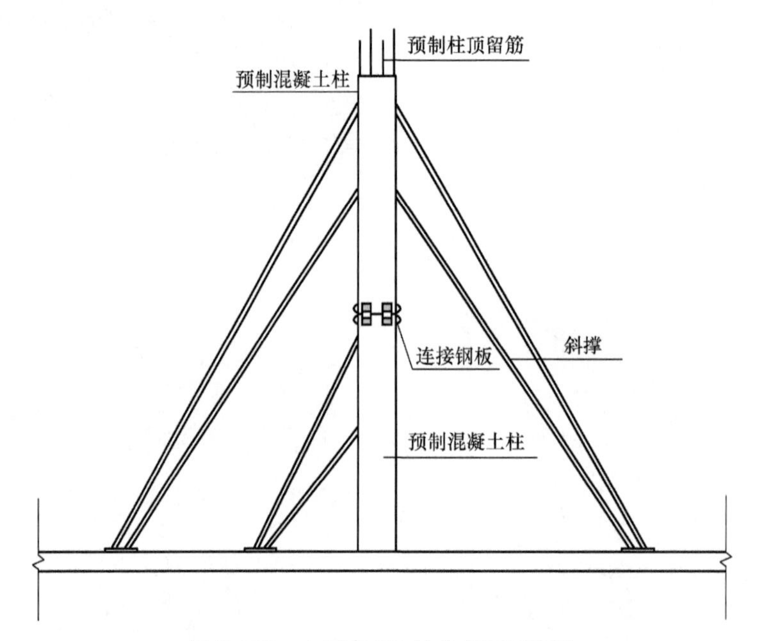

图 5-106 大层高 PC 柱分段预制详图

图 5-107 大层高 PC 柱分段预制现场施工

2. 施工准备

大层高 PC 柱分段预制施工所需要的工具有钢卷尺、斜支撑、独立支撑、吊线锤；机械需要灌浆机；材料需要预制柱、钢筋、灌浆料。施工前的作业条件应满足：

1）预制构件已经提前进场，并验收合格。

2）楼面已经施工完毕，且验收合格。

3）场地清理干净，具备施工条件。

3. 工艺流程（图 5-108）

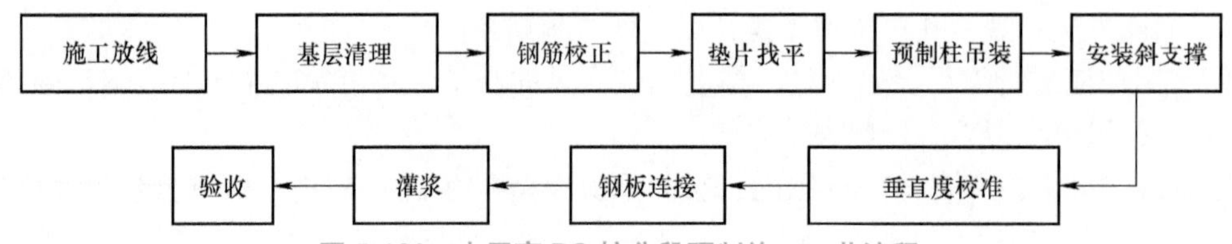

图 5-108 大层高 PC 柱分段预制施工工艺流程

1）施工放线。根据已知楼层控制线，准确放出预制柱的定位线。定位线要精准，因为装配式结构以拼接为主，若出现较大误差，就有可能造成其他部分无法拼接对准。测量人员选择柱角整齐无破损处量取柱子各面中心线，并用带刻度的纸条在柱子侧面对准粘贴。测量放线如图5-109所示。

图5-109　测量放线

2）基层清理。预制柱的结合面需要清理上面的灰尘，防止灌浆时有杂质混入，造成灌浆强度不够。

3）钢筋校正。将预先加工精准的钢筋定位框套入预留钢筋，如图5-110所示，对钢筋间距进行定位，同时调直歪斜钢筋，禁止将钢筋打弯。

4）垫片找平。测量预制柱结合面的水准高度，根据测量数据放置合适厚度的垫片，进行找平，如图5-111所示。

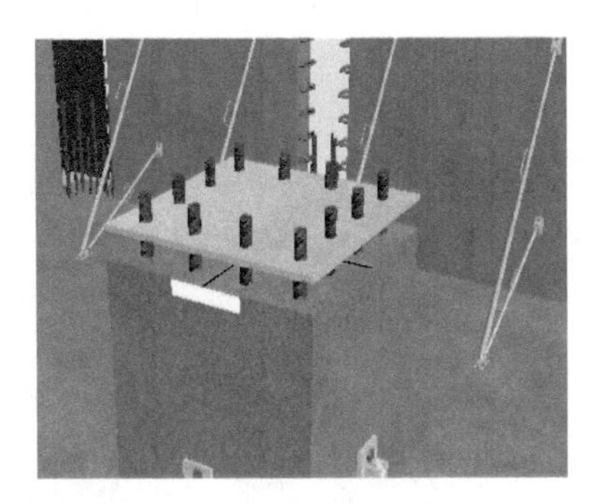

图5-110　套入钢筋定位框

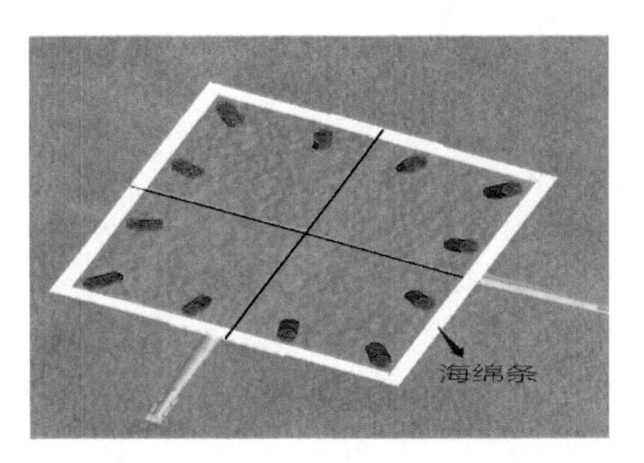

图5-111　垫片找平

5）预制柱吊装。吊装构件前，将U形卡与柱顶预埋吊环连接牢固。预制柱采用两点起吊，起吊时轻起快吊，在距离安装位置500mm时停止构件下降，将镜子放在柱下面，吊装人员手扶预制柱缓缓降落，确保钢筋对孔准确。钢筋进入套筒后，需要对准上下柱中点粘贴的纸条，两节预制柱中点偏差不能大于2mm，若落位时偏差过大，需要将上节柱轻微抬起，施工人员重新对准。具体施工如图5-112、图5-113所示。

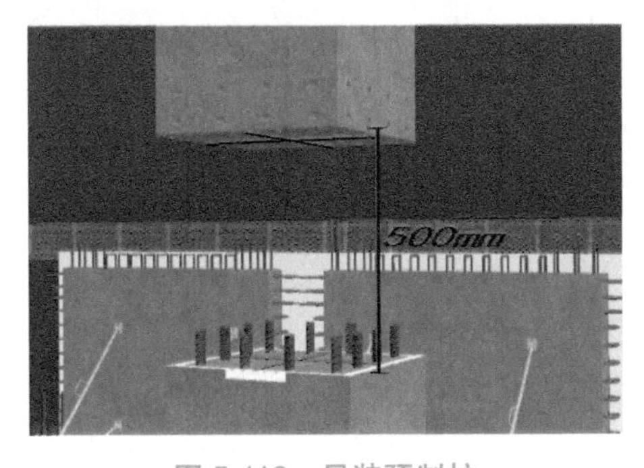

图5-112　吊装预制柱

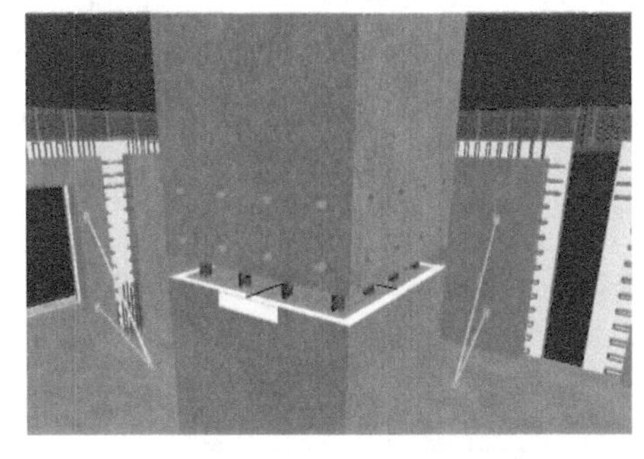

图5-113　对准纸条

6）安装斜支撑。分别在柱及楼板上的临时支撑预留螺母处安装支撑底座，支撑底座应安装牢固可靠，无松动现象。利用可调式支撑杆将预制柱与楼面临时固定，每个构件至少使用两根斜支撑进行固定，并要安装在构件的两个侧面，斜支撑安装后成90°，确保构件稳定后方可摘除吊钩。斜支撑固定如图5-114所示。

7）垂直度校准。使用靠尺对柱的垂直度进行检查，对垂直度不符合要求的墙体，旋转斜支撑杆，直到构件垂直度符合规范要求，如图5-115所示。

8）钢板连接。上下两段预制柱，用钢板固定连接，初步固定，确保在

图5-114　斜支撑固定

施工灌浆期间不会造成柱子移动，如图 5-116 所示。

图 5-115　靠尺检查垂直度

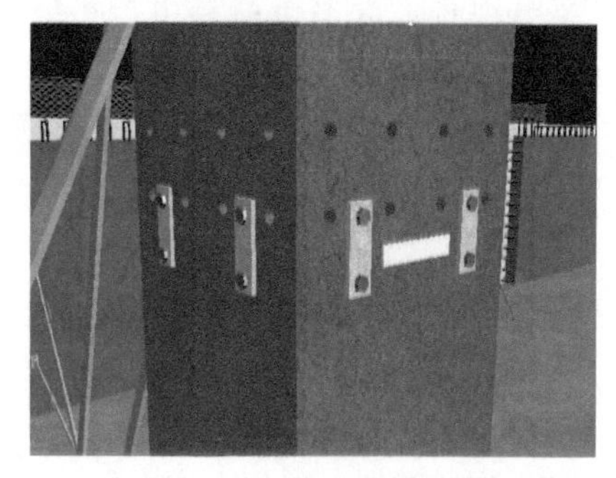

图 5-116　连接钢板临时固定

9）灌浆。预制柱周边用海绵胶条封口，确保灌浆时不会漏浆，将下方注浆口用圆胶塞封堵，仅留一个注浆。注浆机通过注浆口注浆（图 5-117），待上方出浆口出浆时逐个封堵。

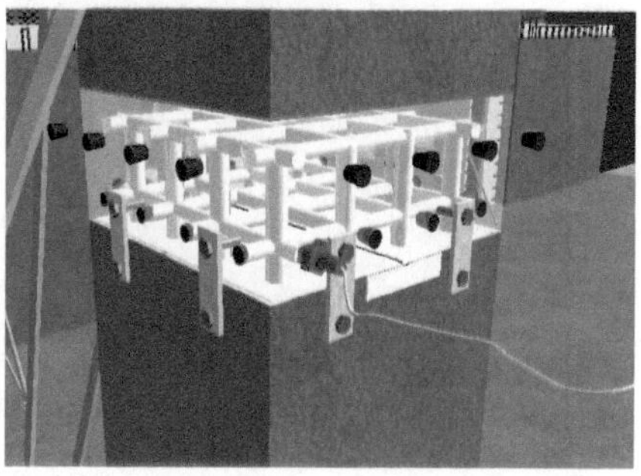

图 5-117　灌浆机灌浆

4. 质量标准

1）标高的控制：楼板以墙板顶下 10cm 处作为安装楼板标高的控制线，抹找平层后再吊装楼板。

对于墙板安装，在已吊装好的楼板面上，在每块墙板位置下边抹两个 1:3 水泥砂浆灰墩。为达到控制标高的作用，灰墩必须提前铺设、找平，达到一定强度后，方准吊装。

2）铺灰：在墙板下两个找平灰墩以外区域，均匀铺灰，厚度高出水平墩 2cm。为达到灰浆的和易性，铺灰与吊装进度不应超过一间。一般情况下铺灰用 M10 混合砂浆，灰缝厚度大于 3cm 时，采用豆石混凝土。

3）吊装：按逐间封闭顺序吊装，临时固定以操作平台为主。用拉杆、转角器解决楼梯间及不能放置操作平台房间板的固定。墙板安装时，各种相关偏差的调整原则是：墙板轴线与垂直度偏差，应以轴线为主；外墙板不方正时，应以立缝为主；外墙板接缝不平时，应以满足外墙面平整为主；外墙板上下宽度不一致时，宜均匀调整；山墙大角与相邻板缝发生偏差时，以保证大角垂直为主；内墙板不方正时，应满足门口垂直为主；内墙板翘曲不平时，两边均匀调整；同一房间大楼板分为两块板时，其拼缝不平，应以楼地面平整为主；相邻两块大楼板高差超过 5mm 时，应用千斤顶进行调整。

5.2.7　叠合板与轻质隔墙连接

1. 叠合板与轻质隔墙连接图（图 5-118、图 5-119）

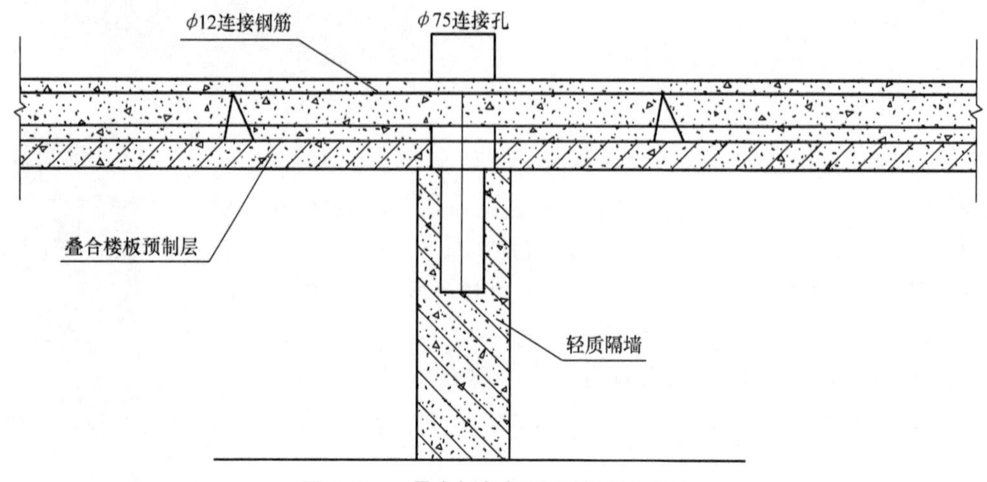

图 5-118　叠合板与轻质隔墙连接详图

图 5-119 现场叠合板与轻质隔墙连接施工

2. 施工准备

叠合板与轻质隔墙连接施工所需要的工具有钢卷尺、墨斗、靠尺、灰铲、吊环等；机具需要塔式起重机、水准仪等；材料需要砂浆、角码等。施工前的作业条件应满足：

1）基础底板已按要求施工完毕，混凝土强度达到 70% 以上并经建设单位专业工程师和监理工程师验收合格。

2）相关材料机具准备齐全，作业人员到岗。

3）预制轻质隔墙已进场，并验收合格。

3. 工艺流程（图 5-120）

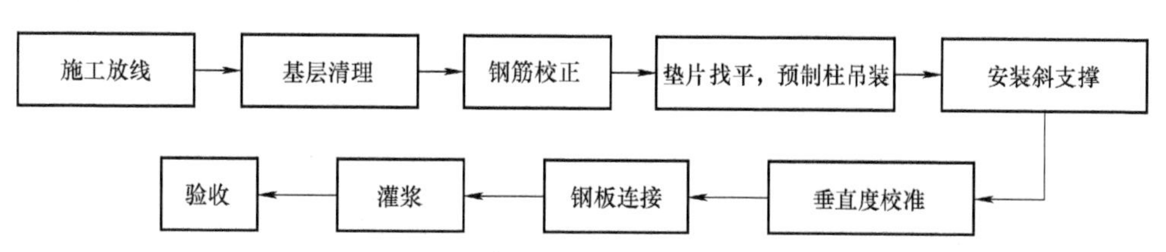

图 5-120 叠合板与轻质隔墙连接工艺流程

1）基层清理。吊装前，需要将轻质隔墙结合面的浮尘清理干净（图 5-121），并进行拉毛处理，保证外墙结合处灌浆时能结合牢固。

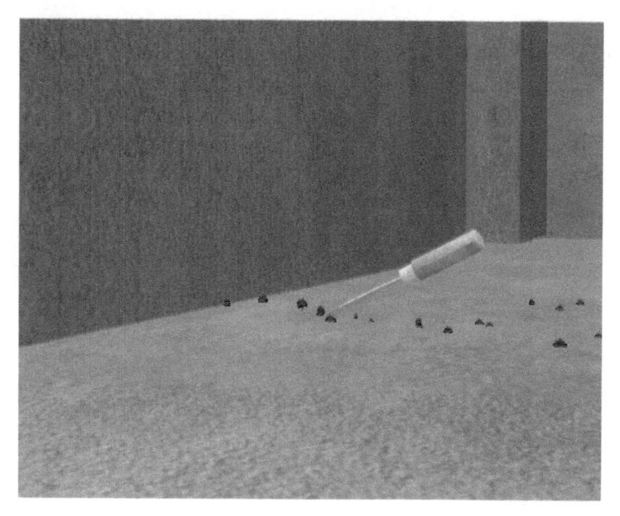

图 5-121 灰铲清理结合面

2）测量放线。根据提前给定的定位轴线，按照图纸尺寸，用钢卷尺及经纬仪测量出轻质隔墙的定位点，偏差不能大于 4mm，用墨斗弹线，同时应弹出距墙边线 200mm 的测量定位线（图 5-122、图 5-123）。

图 5-122　钢卷尺测量

图 5-123　墨斗弹线

3）找平。用水准仪测量轻质隔墙结合面的水平高度，根据测量结果，选择合适厚度的垫片垫在轻质隔墙结合面处，确保轻质隔墙两端处于同一水平面（图 5-124）。根据垫片高度进行坐浆，确保轻质隔墙安装时能够放置平稳。

4）墙板吊装。吊装构件前，将万向吊环和内螺纹预埋件拧紧（图 5-125），预制墙板采用专用吊具进行两点起吊。起吊时轻起快吊，在距离安装位置 500mm 时停止构件下降。对准后缓缓降落，落在墙体线内，用钢卷尺测量 200mm 处定位线。

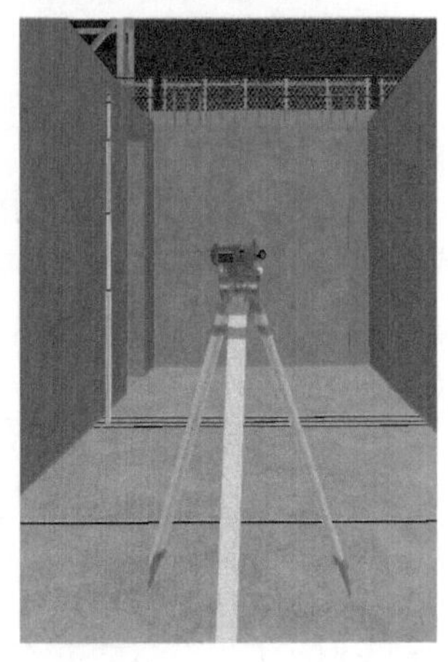

图 5-124　水准仪找平

图 5-125　拧紧吊环

5）安装支撑。用检测尺测量吊装的轻质隔墙的垂直度，调整误差到允许范围内，然后用角码固定（图 5-126），确保构件稳定后方可摘除吊钩。

6）吊装叠合板。轻质隔墙吊装固定完成后，可进行叠合板施工，根据定位轴线准确地放置叠合板（图 5-127）。

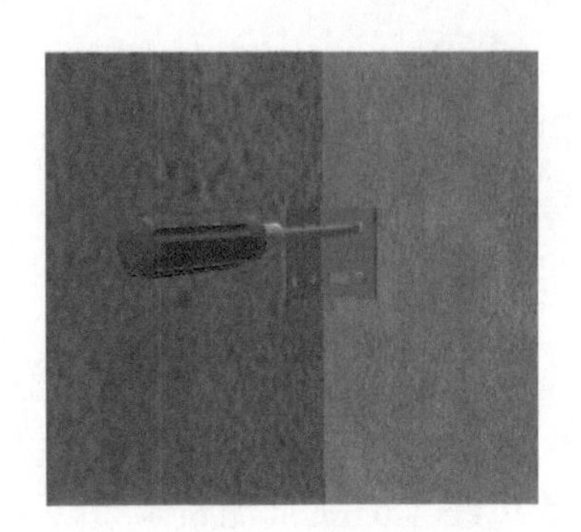

图 5-126　角码固定

图 5-127　放置叠合板

7）混凝土浇筑

① 放置钢筋：轻质隔墙与叠合板采用钢筋连接，在轻质隔墙顶位置预留一个孔洞，从板面的预留孔插入钢筋（图 5-128）。

② 混凝土浇筑：混凝土浇筑板面的时候，注意提前将叠合板与轻质隔墙的连接孔洞灌入混凝土并振捣密实（图 5-129）。

图 5-128 插入短钢筋

图 5-129 灌筑混凝土

4. 质量标准

1）在底部结构正式施工前，必须布设好上部结构施工所需的轴线控制点，所设的基准点组成一个闭合线，以便进行复合和校正。

2）楼层观测孔的施工放样，应在底层轴线控制点布设后，用线锤把该层底板的轴线基准点引测到顶板施工面，用此方法把观测孔位预留正确，确保工程质量。

3）用钢尺工作时应进行钢尺鉴定误差、温度测定误差的修正，并消除定线误差、钢尺倾斜误差、拉力不均匀误差、钢尺对准误差、读数误差等。

4）每层轴线之间的偏差为 ±2mm，层高垂直偏差为 ±2mm。所有测量计算值均应列表，并应有计算人、复核人签字。在仪器操作上，测站与后视方向应用控制网点，避免转站而造成积累误差，定点测量应避免垂直角大于 45°。对易产生位移的控制点，使用前应进行校核。在 3 个月内，必须对控制点进行校核，避免因季节变化而引起的误差。在施工过程中，要加强对层高和轴线以及净空平面尺寸的测量复核工作。

第6章　支撑与围护体系 | CHAPTER 6

装配式建筑在搭建过程中，临时支撑与围护体系关系到吊装能否成功，也是影响施工吊装安全和效率的非常重要的因素。本章主要对不同构件支撑以及围护体系的施工工艺进行讲述。

6.1　支撑系统

对于装配式结构施工而言，支撑体系是重要的组成部分，影响着整体结构的稳定性。本节从独立式三脚架支撑、叠合墙模板支撑、叠合梁支撑和预制柱支撑四个部分对各个部位支撑的施工工艺进行讲解。

6.1.1　独立式三脚架支撑

1. 独立式三脚架支撑图（图 6-1、图 6-2）

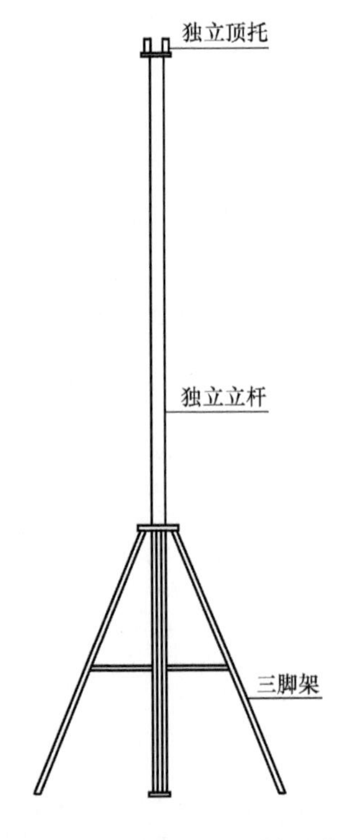

图 6-1　独立式三脚架支撑示意图

图 6-2　独立式三脚架支撑实物图

2. 施工准备

独立式三脚架支撑施工所需要的工具有钢卷尺、独立支撑；材料需要独立立杆、三脚架、工字木。施工前的作业条件应满足：

1）预制构件已经提前进场，并验收合格。

2）楼面已经施工完毕，且验收合格。

3）场地清理干净，具备施工条件。

3. 工艺流程

（1）布置原则

1）工字木长端距墙边不小于 300mm，侧边距墙边不大于 700mm（图 6-3）。

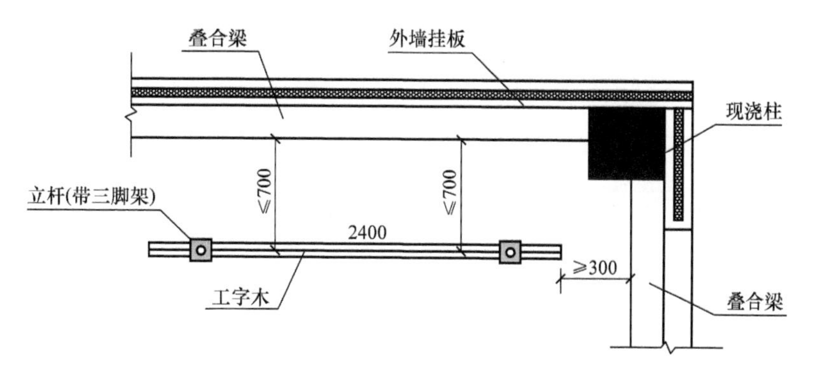

图 6-3　工字木布置间距要求

2）独立立杆距墙边不小于 300mm，不大于 800mm（图 6-4）。

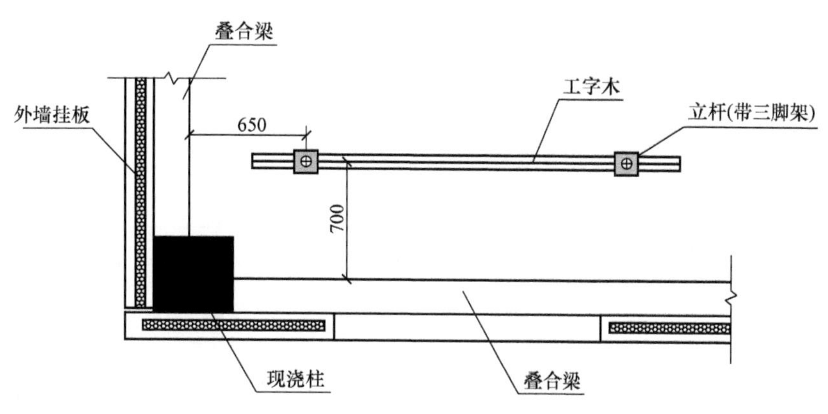

图 6-4　边立杆布置间距要求

3）独立立杆间距小于 1.8m。当同一根工字木下两根立杆之间间距大于 1.8m 时，需在中间位置再加一根立杆，中间位置的立杆可以不带三脚架（图 6-5）。工字木方向需与预应力钢筋（桁架钢筋）方向垂直（图 6-6）。

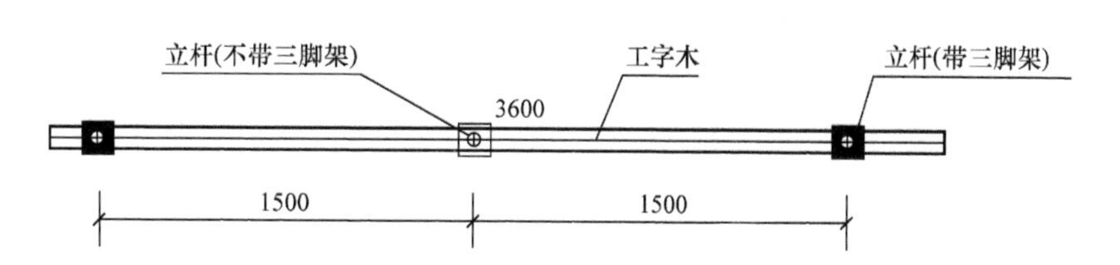

图 6-5　中立杆布置间距要求

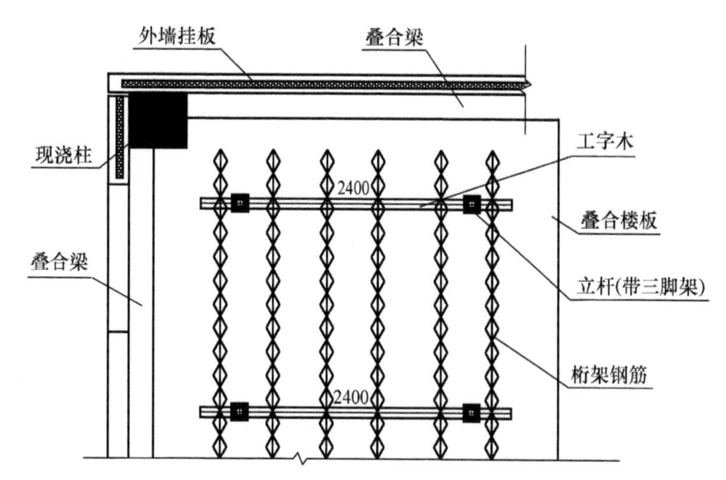

图 6-6　工字木与桁架钢筋垂直布置

4）工字木端头搭接处不小于 300mm（图 6-7）。

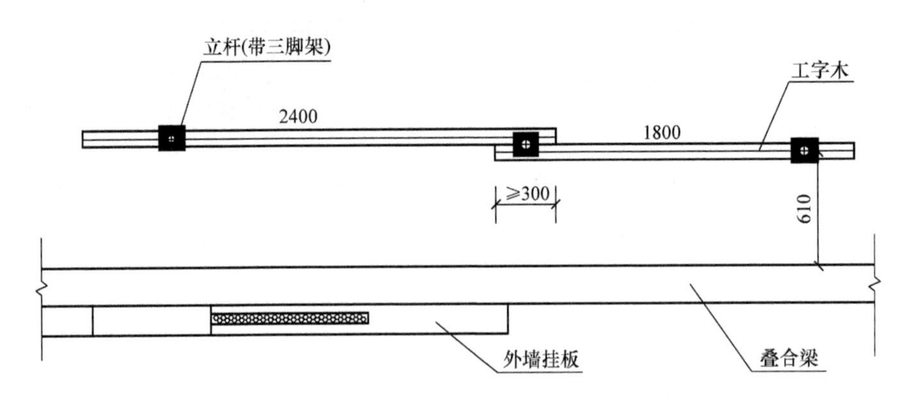

图 6-7　工字木在立杆处搭接长度要求

（2）施工流程（图 6-8）

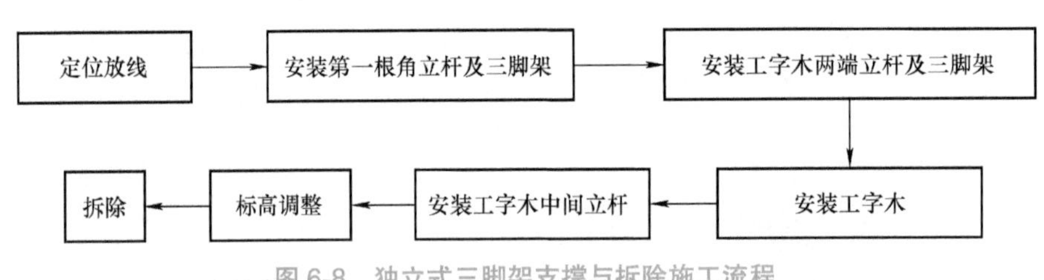

图 6-8　独立式三脚架支撑与拆除施工流程

1）定位放线。在墙上放出 1m 标高线，根据独立式三脚架平面布置位置点及尺寸定位放线，确定好第一根立杆的位置，且应保证现场操作空间（图 6-9）。

2）安装第一根立杆及三脚架。根据确定好的第一根立杆的位置，安装好第一根立杆及三脚架（图 6-10）。

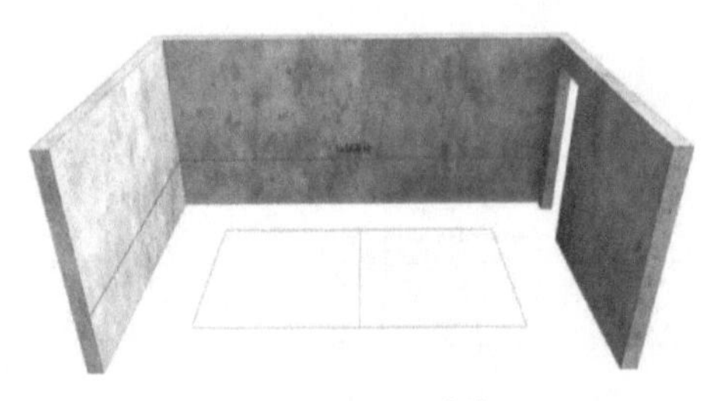

图 6-9　定位放线

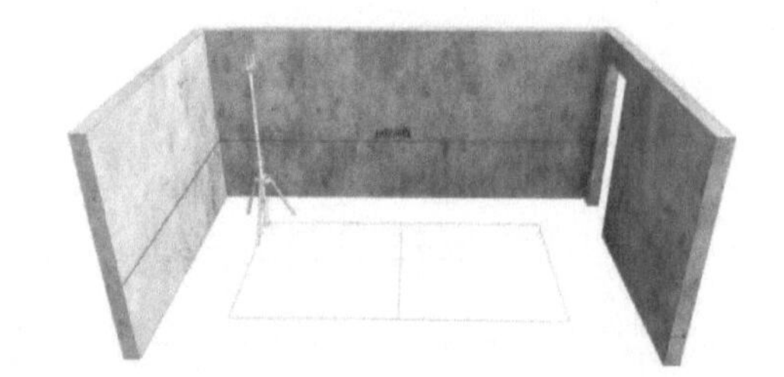

图 6-10　安装第一根角立杆

3）安装工字木两端立杆及三脚架。根据首根立杆位置及平面布置安装工字木两端的立杆及三脚架（图 6-11）。

4）安装工字木。两端立杆安装完成后，安装工字木，工字木搭接长度不小于 300mm（图 6-12）。

图 6-11　安装工字木两端的立杆及三脚架

图 6-12　安装工字木

5）安装工字木中间立杆。工字木超过 2400mm 时，工字木中间位置应增加立杆支撑，可不带三脚架（图 6-13）。

6）标高调整。用检测尺调整标高，保证架体的高差符合偏差允许值要求（图 6-14）。

图 6-13 安装中间立杆

图 6-14 标高调整

7）拆除。根据材料三层周转的要求，架体的拆除也分为三步。

① 上层叠合楼板及现浇层浇筑完毕，达到规定强度，下层架体三脚架可进行拆除（图 6-15）。

② 当完成至第三层施工后，对第一层工字木中间（不带三脚架）立杆可进行拆除，且拆除第二层三脚架（图 6-16）。

③ 当完成第四层施工后，对第一层独立式支撑整体支架进行拆除，第二层工字木中间立杆进行拆除，第三层三脚架进行拆除（图 6-17）。

图 6-15 拆除（一）

图 6-16 拆除（二）

图 6-17 拆除（三）

（3）独立支撑体系搭设要点及注意事项

1）立杆距墙边距离应符合图纸要求。

2）立杆与立杆的间距不能大于 1800mm。

3）独立支撑体系的卸载、拆除须在楼板混凝土达到设计或规范规定的强度后方可进行。

4）拆除时要按照拆除流程依次拆除，不能随意拆除。

5）将拆下的所有材料分类存储。

4. 质量标准

（1）材料要求　独立支撑立杆采用 ϕ60mm 与 ϕ48mm、壁厚 3mm 的钢管连接，木工字梁标准高度为 200mm、宽度为 80mm。支撑体系各构件必须功能齐全，且无损坏和明显变形，否则不得用于工程中。

（2）施工质量管理

1）质量管理基本要求。为保证支撑体系施工质量，控制安全风险，设置两个停工验收点，即支撑体系基础验收、支撑体系验收。由安全员、技术员负责停工验收，验收合格后，方可进入下一道工序施工。支撑体系搭设时，应先搭设一个区域作为样板，区域样板进行验收后，才能大面积搭设。

2）支撑体系的施工验收要求

① 验收人员：施工完成后由技术负责人组织技术内业人员、工长、质检员和安全员进行验收，确

认合格后方可投入使用。

② 检查验收必须严肃认真进行，针对检查情况、整改结果填写检查内容，并签字齐全。

③ 重点验收项目：带顶托的立杆与三脚架连接是否稳定；安全设施、防坠装置是否齐全和安全可靠；基础是否平整坚实，支垫是否符合要求。

3）支撑体系维护与保养

① 检查支撑体系是否变形或沉陷，若有异常，应随时上报、及时处理。

② 检查支撑体系整体和局部，尤其是梁下立杆的垂直度，若有异常，应及时加固并消除隐患。

③ 检查连接件是否齐全、松动、移位等，如因施工需要移动，必须在专人负责下在相邻位置补足。

④ 检查支撑体系的荷载情况。支架上不准堆放大量材料、过重的设备，以免超过设计荷载，如发现有处于不安全位置和不稳定状态的部位，应及时纠正。

6.1.2 叠合墙模板支撑

1. 叠合墙模板支撑图（图 6-18、图 6-19）

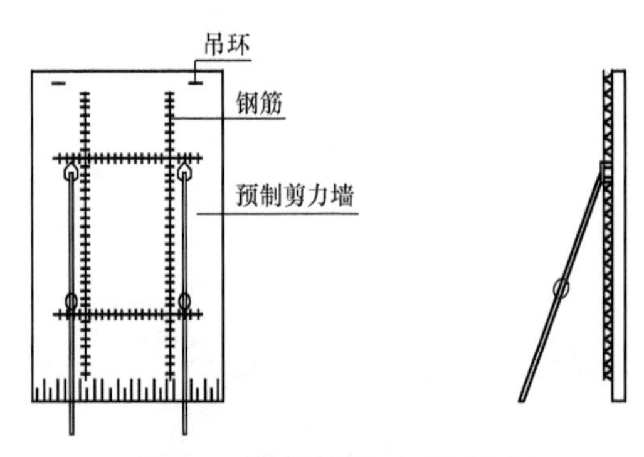

图 6-18 叠合墙模板支撑示意图

图 6-19 叠合墙模板支撑现场施工图

2. 施工准备

叠合墙模板支撑施工所需要的工具有钢卷尺、斜支撑、水管、扳手、靠尺；材料需要单层叠合混凝土剪力墙、钢筋、角码、模板。施工前的作业条件应满足：

1）楼面施工完成。

2）楼面混凝土达到设计等级。

3）预制构件到场且检验合格。

3. 工艺流程（图 6-20）

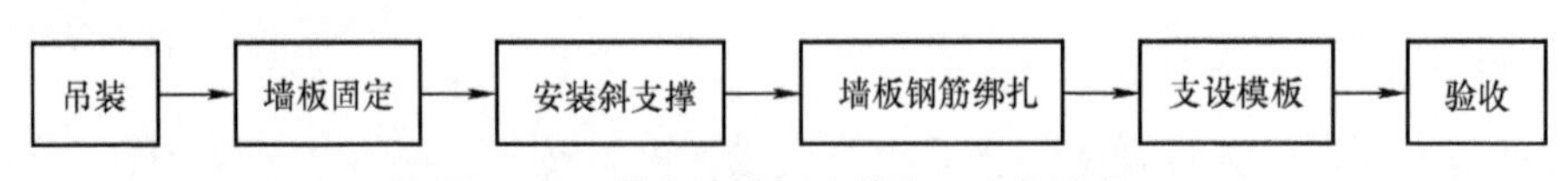

图 6-20 叠合墙模板支撑施工工艺流程

1）墙板吊装。单层叠合墙吊装采用专用的吊架。吊环预埋在叠合墙的预制部分，吊口朝上，吊装两点起吊，起吊时轻起快吊，在距离安装位置 1000mm 时构件停止下降，如图 6-21 所示。落位要准确，当墙板与定位线误差较大时，应重新将板吊起调整；当误差较小时，可用撬棍调整到准确位置。

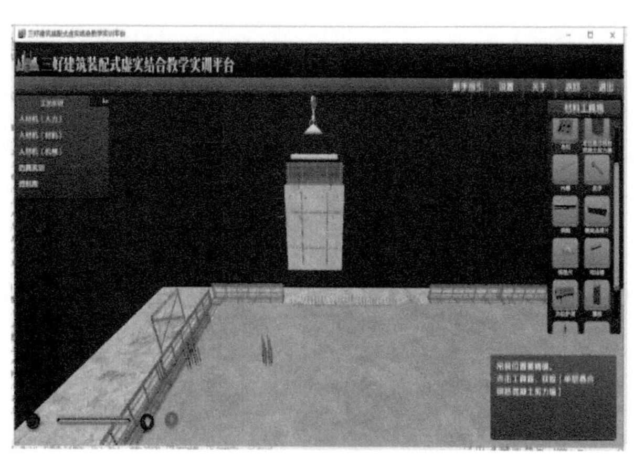

图 6-21 起吊单层叠合钢筋混凝土剪力墙

2）墙板固定。墙板下方与楼板相连的位置采用角码固定，如图 6-22 所示。预制墙板提前预留螺栓孔，楼板位置用电钻打孔，放入膨胀管，用角码进行固定。相邻两块板之间粘贴防水胶带，用横向连接片固定，如图 6-23 所示。

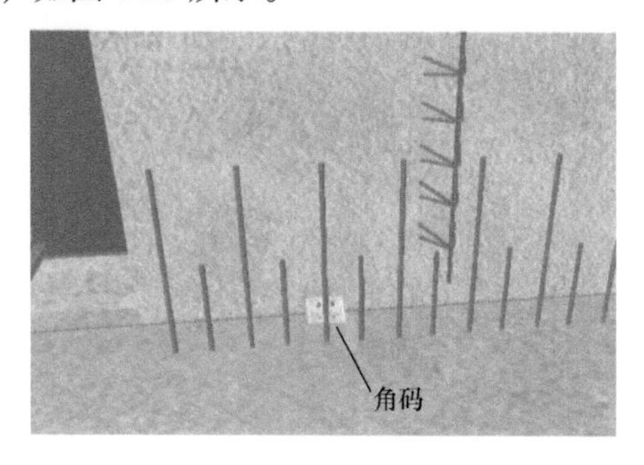

图 6-22 角码固定

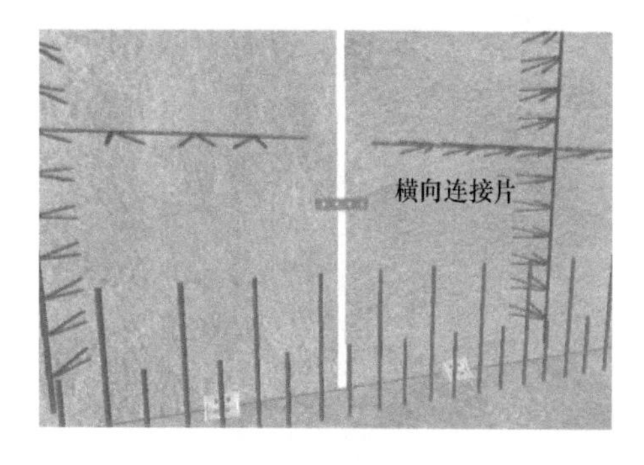

图 6-23 横向连接片固定

3）安装斜支撑。墙板上方采用斜支撑固定，如图 6-24 所示，分别在墙板及楼板上的临时支撑预留螺母处安装支撑底座，支撑底座安装应牢固可靠，无松动现象。利用可调式支撑杆将墙体与楼面临时固定，每个构件至少使用两根斜支撑进行固定，并要安装在构件的同一侧面，确保构件稳定后方可摘除吊钩。使用靠尺对墙体的垂直度进行检查，如图 6-25 所示。对垂直度不符合要求的墙体，可旋转斜支撑杆，直到构件垂直度符合规范要求。

图 6-24 斜支撑固定

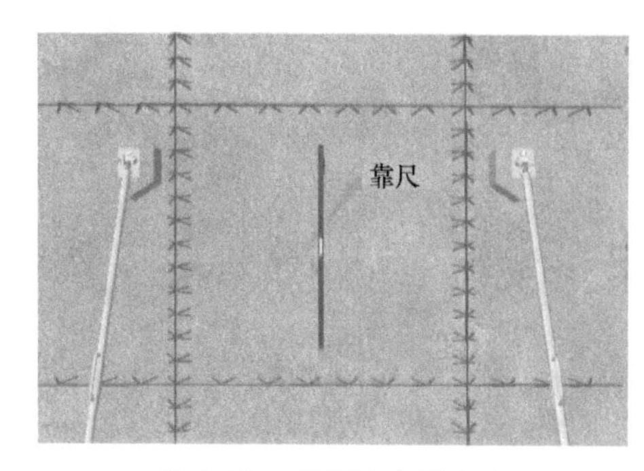

图 6-25 靠尺检查垂直度

4）墙板钢筋绑扎。墙板钢筋绑扎前需要检查预留钢筋，若有间距不均匀、钢筋歪斜的情况应及时调整。钢筋绑扎注意与桁架钢筋相连，用扎丝绑扎牢固，钢筋间距符合规范要求。

5）混凝土浇筑。钢筋绑扎完成后，经监理验收合格，方可进行下一步工序。单层叠合墙采用大钢模板，如图 6-26 所示。模板采用拼接，连接位置用螺栓连接，并对模板进行斜支撑加固，如图 6-27 所示。支撑座位置可以用海绵条封堵，防止漏浆。混凝土浇筑采用逐层浇筑，注意不要出现漏浆，振捣要密实。若产生涨模、爆模等情况，应及时处理。

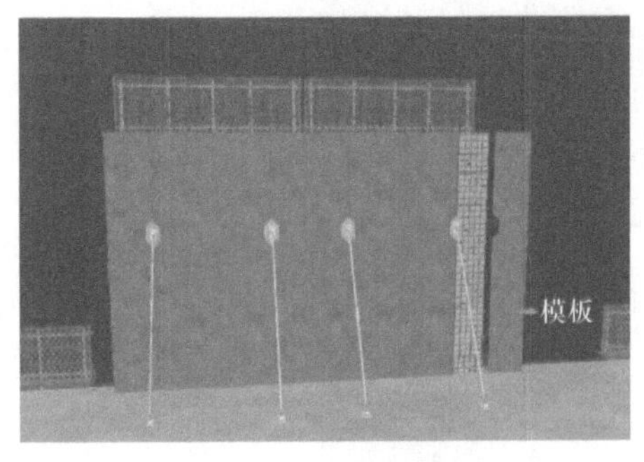

图 6-26　模板拼接

图 6-27　斜支撑固定

6）养护。浇筑完成后，拆除模板并及时洒水养护，养护时间不少于 7d。

4. 质量标准

墙板安装质量标准详见 4.2.1 节。

6.1.3　叠合梁支撑

1. 叠合梁示意图（图 6-28、图 6-29）

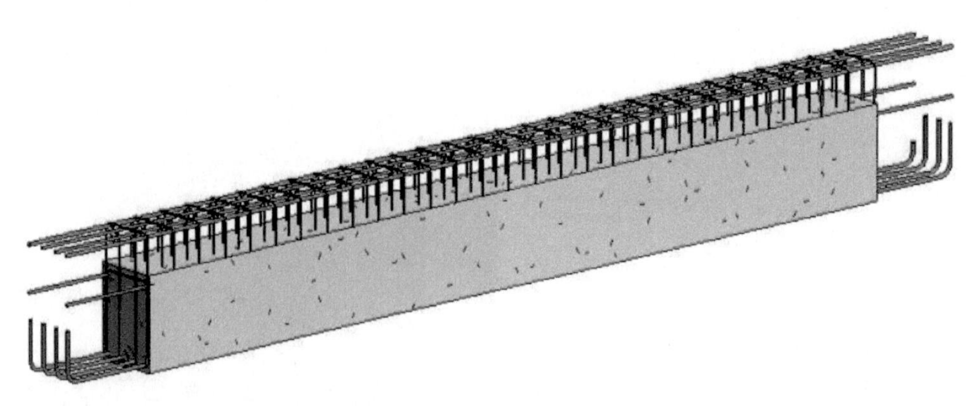

图 6-28　叠合梁示意图

图 6-29　叠合梁现场施工图

2. 施工准备

叠合梁支撑施工所需要的工具有钢卷尺、斜支撑、独立支撑、吊线锤、撬棍等；机械需要塔式起重机；材料需要叠合梁、钢筋等。施工前的作业条件应满足：

1）预制构件已经提前进场，并验收合格。

2）楼面已经施工完毕，且验收合格。

3）场地清理干净，具备施工条件。

3. 工艺流程（图 6-30）

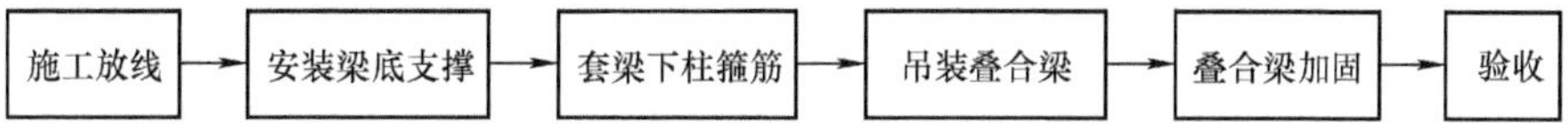

施工放线 → 安装梁底支撑 → 套梁下柱箍筋 → 吊装叠合梁 → 叠合梁加固 → 验收

图 6-30　叠合梁支撑施工工艺流程

1）施工放线。根据已知楼层控制线，用钢卷尺准确放出叠合梁的定位线，如图 6-31 所示。定位线要精准，因为装配式结构以拼接为主，若出现较大误差，就有可能造成其他部分无法对准拼接。

图 6-31　钢卷尺测量

2）安装梁底支撑。梁底支撑采用独立式三角支撑体系，如图 6-32 所示。支撑杆顶架设独立顶托，用工字木进行托梁。立杆间距符合规范要求，每排两根独立支撑。

3）套梁下柱箍筋。根据梁锚固筋长度和高度关系，柱顶需要先套 1~2 道箍筋，如图 6-33 所示，防止架上叠合梁后，无法套入箍筋。柱箍筋需要加密，加密数满足规范要求。

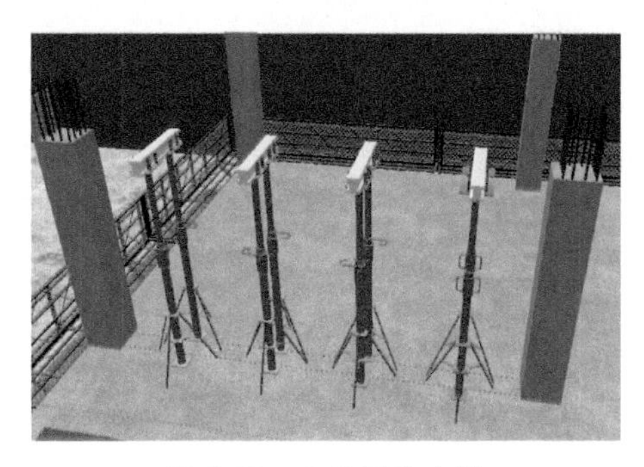

图 6-32　安装梁底支撑

图 6-33　套入梁下柱箍筋

4）吊装叠合梁。叠合梁吊装采用专用吊具，如图 6-34 所示。吊装路线上不得站人。叠合梁缓慢落在已安装好的底部支撑上，叠合梁端应锚入柱内 15mm。叠合梁落位后，根据楼内 500mm 控制线，精确测量梁底标高，调节至设计要求。检查并调整叠合梁的位置和垂直度，以达到规范规定的误差允许范围。

5）叠合梁加固。分别在梁侧及楼板上的临时支撑预留螺母处安装支撑底座，支撑底座应安装牢固可靠，无松动现象。利用可调式支撑杆将叠合梁与楼面临时固定，如图 6-35 所示，每个构件至少使用两根斜支撑进行固定，并要安装在构件的同一侧面，确保构件稳定后方可摘除吊钩。

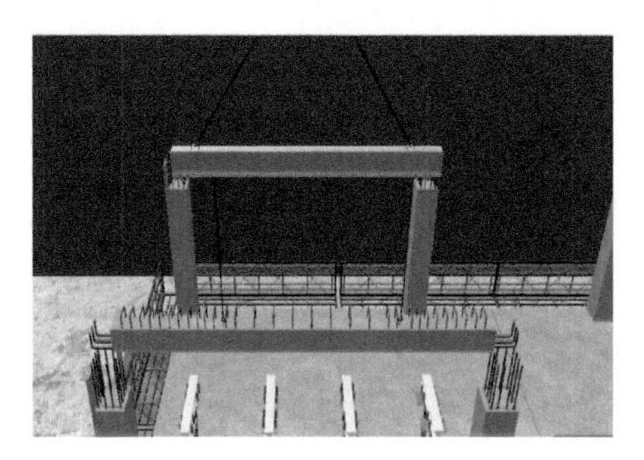

图 6-34　吊装叠合梁

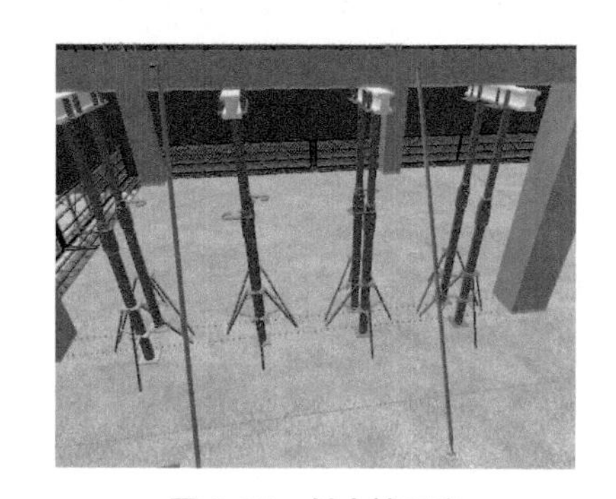

图 6-35　斜支撑固定

6.1.4 预制柱支撑

1. 预制柱支撑图（图 6-36、图 6-37）

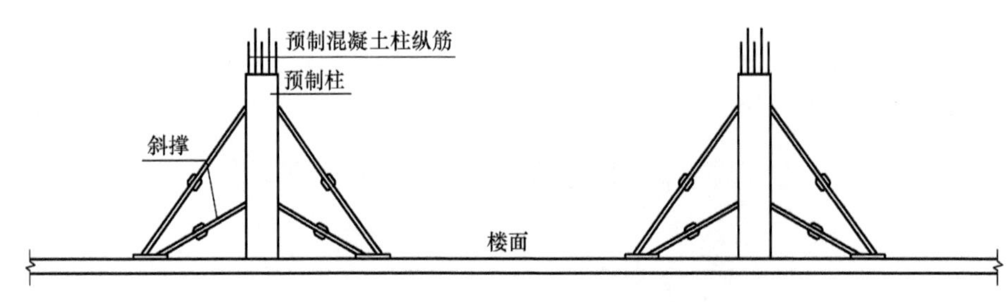

图 6-36 预制混凝土柱支撑立面图

图 6-37 预制柱支撑现场施工图

2. 施工准备

预制柱支撑施工所需要的工具有靠尺、水准仪、钢卷尺、斜支撑、钢筋定位框等；机械需要灌浆机；材料需要预制柱、砂浆、钢垫片。施工前的作业条件应满足：

1）预制构件已经提前进场，并验收合格。

2）楼面已经施工完毕，且验收合格。

3）场地清理干净，具备施工条件。

3. 工艺流程（图 6-38）

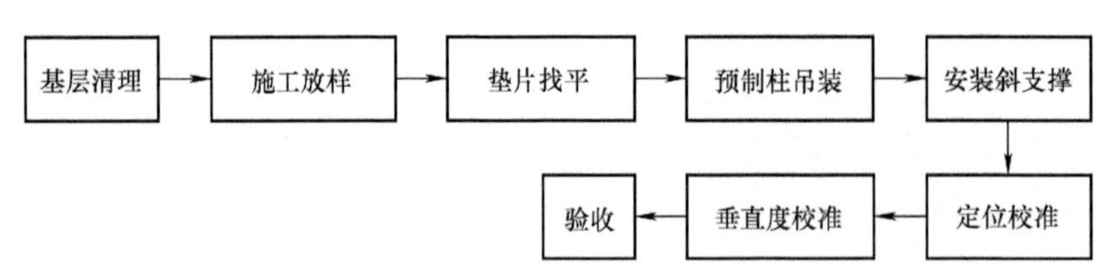

图 6-38 预制柱支撑施工工艺流程

1）基层清理。用铲刀铲去交接面浮浆，如图 6-39 所示，然后用笤帚清扫干净，必要时可以用清水冲洗，但交接面不能出现有存水的情况，以确保灌浆时粘接牢固。

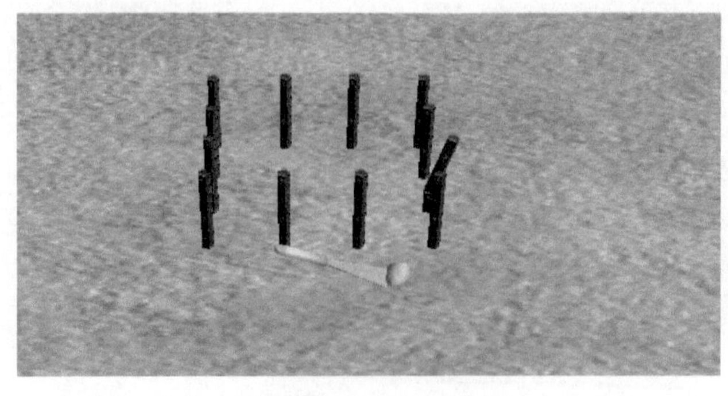

图 6-39 铲刀铲去浮浆

2）施工放样。根据楼层已知控制线，放出预制柱的定位线和200mm控制线，如图6-40所示。放线要精准，因为装配式结构以拼接为主，若出现较大误差，就有可能造成框架梁无法对准拼接。

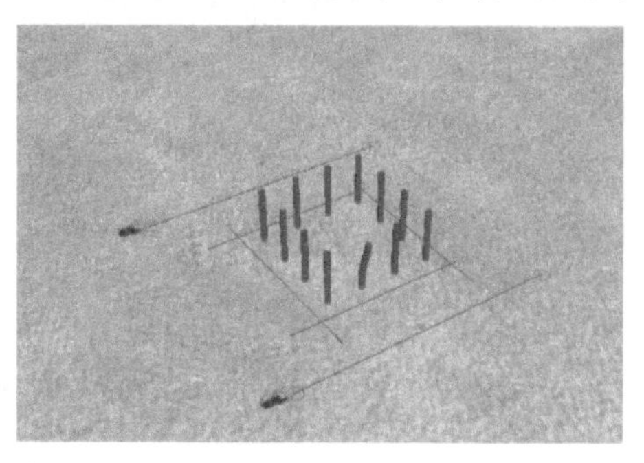

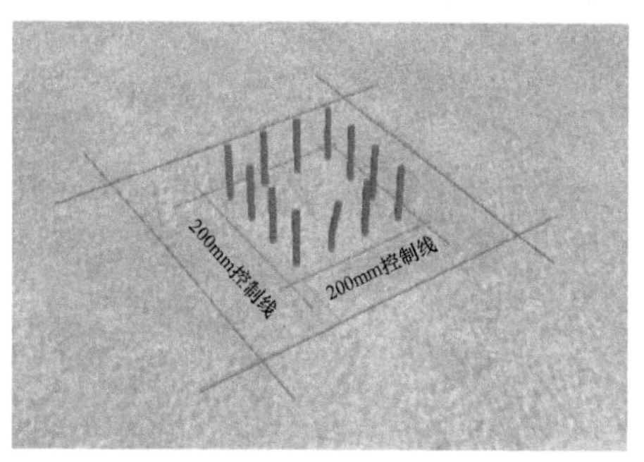

图6-40 钢卷尺测量

3）钢筋校正。将预先定制加工的钢筋定位框套入楼面上预留的钢筋上，对有歪斜的钢筋使用扳手或者钢套管进行校正，不得弯折钢筋，如图6-41所示。若出现钢筋偏差过大的情况，可以将偏斜钢筋处的混凝土錾除，从楼面以下调整钢筋位置，然后用高强度混凝土修补。

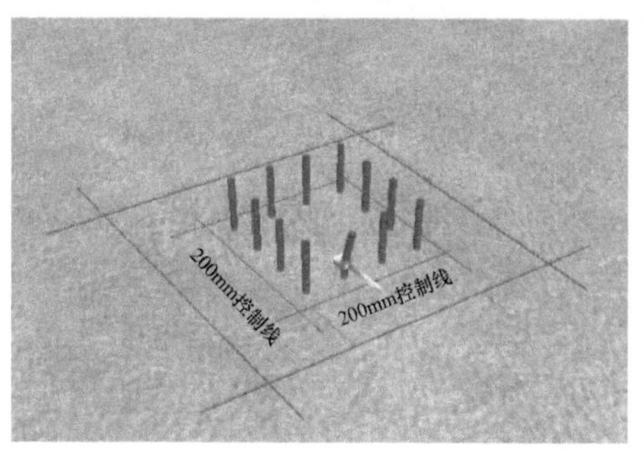

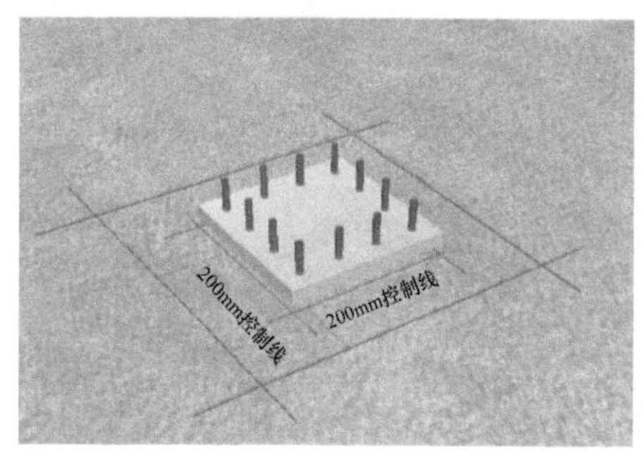

图6-41 钢筋校正

4）垫片找平。用水准仪测量外墙结合面的水平高度，如图6-42所示。根据测量结果，选择合适厚度的垫片垫在外墙结合面处，确保外墙两端处于同一水平面。

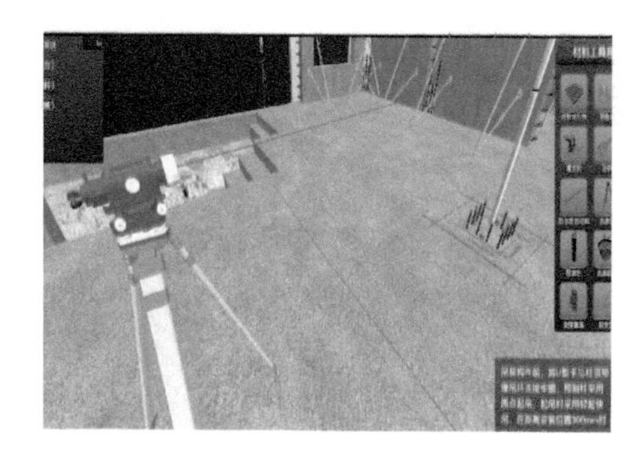

图6-42 水准仪测量

5）预制柱吊装。吊装构件前，将U形卡与柱顶预埋吊环连接牢固，预制柱采用两点起吊，起吊时轻起快吊，在距离安装位置500mm时构件停止下降，如图6-43所示。将镜子放在柱下面，吊装人员手扶预制柱缓缓降落，确保钢筋对孔准确。

6）安装斜支撑。分别在柱及楼板上的临时支撑预留螺母处安装支撑底座，支撑底座应安装牢固可靠，无松动现象。利用可调式支撑杆将预制柱与楼面临时固定，如图6-44所示，每个构件至少使用两根斜支撑进行固定，并安装在构件的两个侧面，斜支撑安装后成90°，确保构件稳定后方可摘除吊钩。

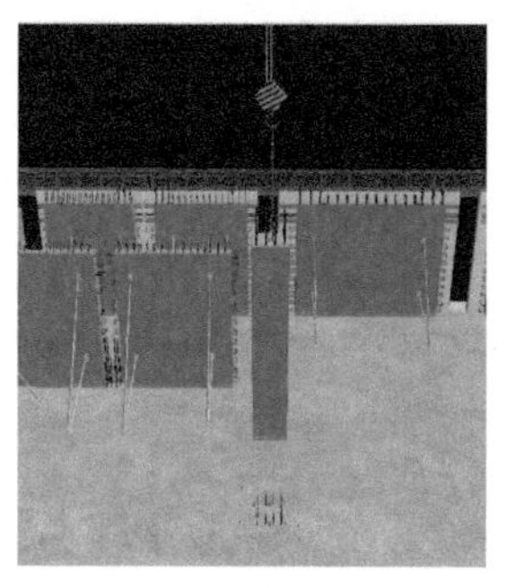

图6-43 预制柱吊装

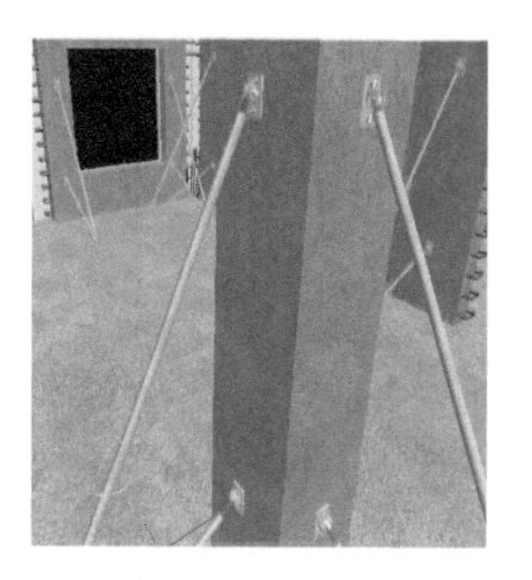

图6-44 安装斜支撑

7）垂直度校准。使用靠尺对柱的垂直度进行检查，如图 6-45 所示，对垂直度不符合要求的柱体，可旋转斜支撑杆，直到构件垂直度符合规范要求。

4. 质量标准

相应质量标准详见 4.1 节。

6.2 围护体系

本节主要从外挂架作业平台安装与提升、装配式临边防护、装配式安全通道三部分按施工流程展开介绍。

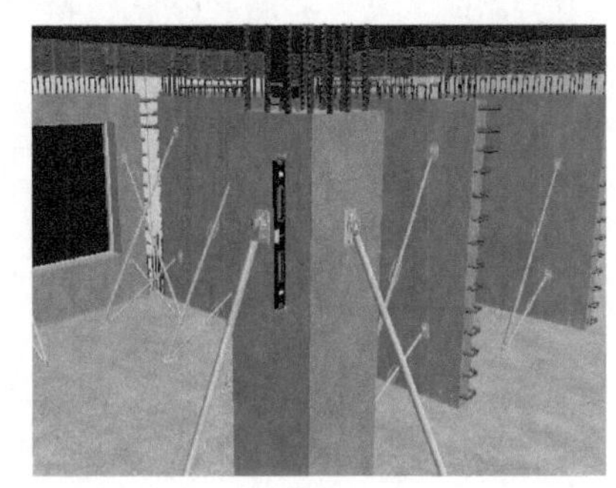

图 6-45 靠尺检查垂直度

6.2.1 外挂架作业平台安装与提升

1. 外挂架作业平台安装与提升图（图 6-46~ 图 6-48）

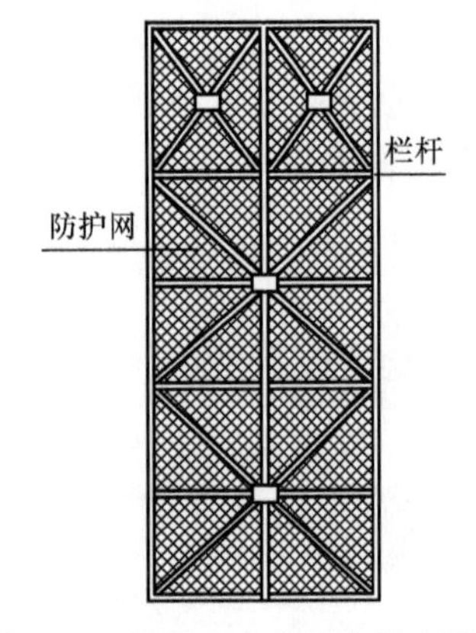

图 6-46 外挂架作业平台正立面图

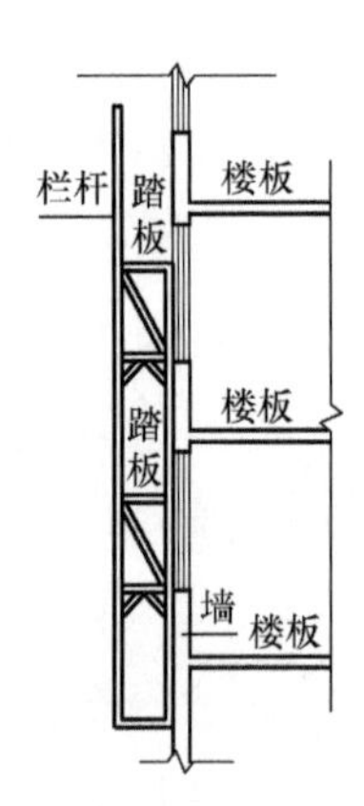

图 6-47 外挂架作业平台侧立面图

图 6-48 外挂架作业平台现场施工图

2. 施工准备

外挂架作业平台安装与提升施工所需要的工具有扳手、笤帚；机械需要塔式起重机；材料需要栏杆、防脱挂钩座、外墙板、外挂架、踏板。施工前的作业条件应满足：

1）熟悉图纸，熟悉工艺，弄清楚整个工程的施工要点、质量验收规范、安全保障措施。

2）技术部门进行逐级技术、安全交底，并建立交底档案资料。

3. 工艺流程

（1）外挂架作业平台安装（图 6-49）

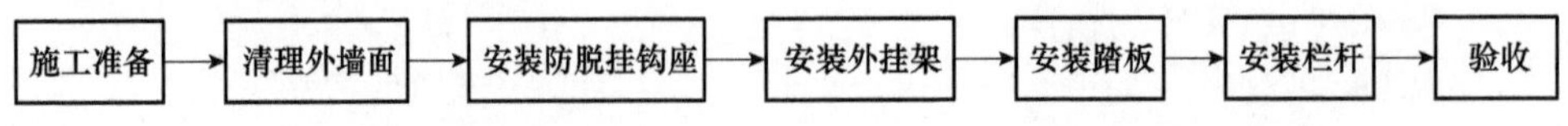

图 6-49 外挂架作业平台安装与提升施工工艺流程

1）施工准备。根据楼型和吊装方案，提前设计好外挂架的尺寸，经过评定完成外挂架的定制并运输到场地内，验收合格后使用。

2）清理外墙面。用扫帚清理外墙面粘结的混凝土块，保证混凝土墙面光洁平整，如图 6-50 所示。安装外挂架时应保证平稳、稳固。

3）安装防脱挂钩座。防脱挂钩座安装在外墙面上，在外墙面加工时就预留螺栓孔，外墙面吊装前，将防脱挂钩座提前安装在上面，如图 6-51 所示。扭紧螺栓，测试挂钩座开关闭合是否顺畅，是否有破损裂纹。

图 6-50 清理外墙面

图 6-51 安装防脱挂钩座

4）安装外挂架。外墙板施工完成，达到设计强度，需要进行外墙施工时，可以安装外挂架。将挂钩置于外挂架平衡点位置，用钢丝绳起吊，落至挂钩座位置时，平缓落位，如图 6-52 所示。

图 6-52 安装外挂架

5）安装踏板。安装第一层踏板，搭接长度不小于 0.3m，如图 6-53 所示。落位时踏板端部定位销插入踏面钢板网孔。踏板安装顺序由下往上，逐层安装。

6）安装栏杆。踏板安装完成后安装栏杆，栏杆高度要符合规范要求，搭接长度不小于 0.3m，如图 6-54 所示。栏杆垂直挂在外挂架的外立面上。

图 6-53 安装踏板

图 6-54 安装栏杆

7）验收。外挂架安装完成后，检查安全锁扣是否拧紧、安装是否平稳，检查合格后方可上人施工。

（2）外挂架作业平台提升（图 6-55）

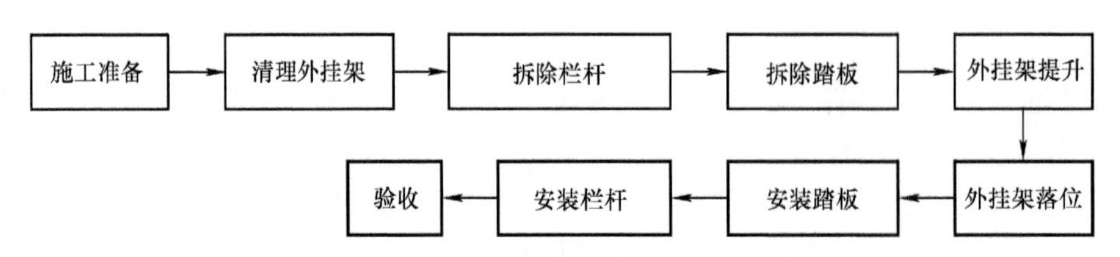

图 6-55　外挂架作业平台提升施工流程

1）清理外挂架。在外挂架提升前，需要事先清理外挂架上的工具设备和外挂架上的垃圾，如图 6-56 所示，防止提升时掉落伤人。

图 6-56　清理外挂架

2）拆除栏杆。栏杆的拆除顺序与安装顺序相反，遵守先装后拆、后装先拆的原则，如图 6-57 所示。

3）拆除踏板。栏杆拆除完成后，拆除踏板。踏板拆除的原则同栏杆，先装后拆、后装先拆，如图 6-58 所示。

图 6-57　拆除栏杆

图 6-58　拆除踏板

4）外挂架提升。把吊钩 U 形卡安装到外挂架板上，挂钩置于外挂架平衡点位置，如图 6-59 所示。吊装前，将挂钩座解锁。起吊时先缓缓吊出挂钩座，然后缓慢提升，保持架体垂直平稳，避免架体与建筑主体、挂钩座或相邻架体发生碰撞。

5）外挂架落位。缓慢平稳地将外挂架吊入挂钩座，将挂钩座落锁后，方可摘除吊钩，如图 6-60 所示。

图 6-59　外挂架提升

图 6-60　外挂架落位

6）安装踏板。安装第一层踏板，搭接长度不小于 0.3m。落位时踏板端部定位销插入踏面钢板网孔，踏板安装顺序由下往上、逐层安装。

7）安装栏杆。踏板安装完成后安装栏杆。栏杆高度要符合规范要求，搭接长度不小于 0.3m，栏杆垂直挂在外挂架的外立面上。

8）验收。外挂架安装完成后，检查安全锁扣是否锁紧、安装是否平稳，检查合格后方可上人施工。

4. 质量标准

1）踏板和栏杆的搭接长度应不小于 0.3m。

2）提前检查外挂架的整体性和焊接焊缝的稳固性。

3）安装顺序由下向上。

6.2.2 装配式临边防护

1. 装配式临边防护图（图 6-61、图 6-62）

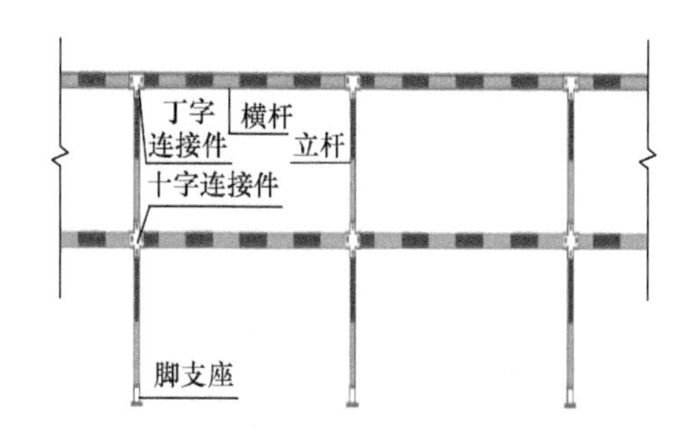

图 6-61 装配式临边防护立面图

图 6-62 装配式临边防护现场施工图

2. 施工准备

装配式临边防护施工所需要的工具有钢卷尺、铅笔、墨斗、扳手；机械需要电钻；材料需要膨胀管、螺钉、立杆、栏杆、安全标语。施工前的作业条件应满足：

1）对临边、特殊部位的洞口防护进行技术措施分析研究，制定出有针对性且具有可操作性的专项围护方案，确保防护设施的安全性和可靠性。

2）楼面已经施工完毕，且验收合格。

3）场地清理干净，具备施工条件。

3. 工艺流程（图 6-63）

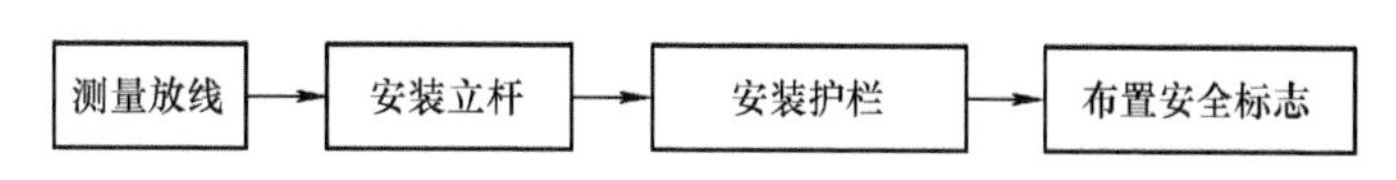

图 6-63 装配式临边防护施工工艺流程

1）测量放线。根据已知楼层控制线，准确地放出临边防护的定位线，定位线要精准，确定好立杆的间距，使立杆的间距符合规范要求，同时保证美观，如图 6-64 所示。

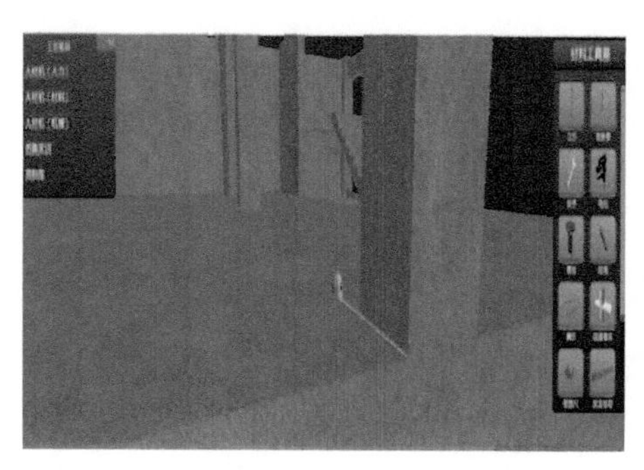

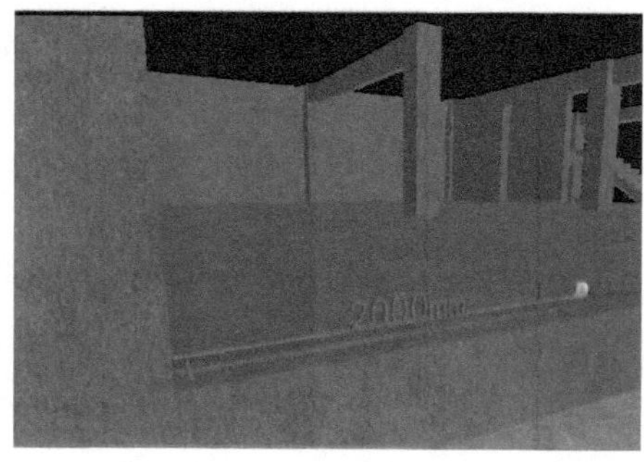

图 6-64 测量放线

2）安装立杆。使用电钻在已标记的位置打孔，深度及孔直径依照图纸设计要求，如图 6-65 所示，打孔完毕后清理孔内的残渣。将膨胀管放到钻好的孔内，如图 6-66 所示。膨胀管大小要和钻好的孔洞相匹配。将立柱放置于标记位置，并做临时加固，柱脚垫板应与基础面接触平整、密实。使用高强螺钉固定立杆，然后用扳手拧紧，如图 6-67 所示，立杆的高度至少大于 1200mm。

图 6-65　电钻打孔

图 6-66　放入膨胀管

3）安装护栏。在立杆安装完成后安装护栏。护栏与立杆采用连接头连接，如图 6-68 所示，连接头用螺钉固定。

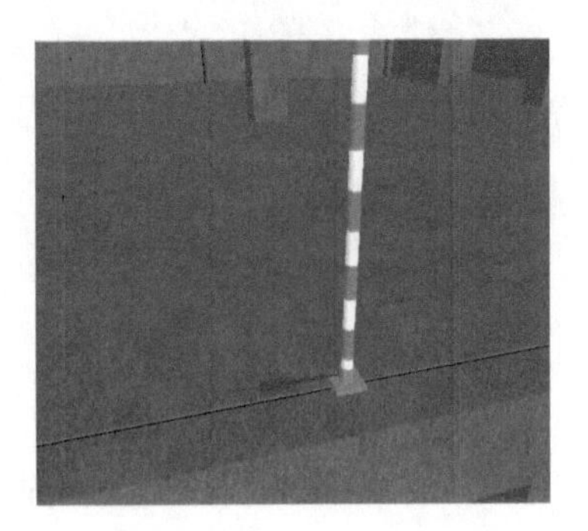

图 6-67　固定立杆

图 6-68　安装护栏

4）布置安全标语。用钢丝将安全标语固定到栏杆上，如图 6-69 所示。常见的安全标语有：“隐患险于明火，防范胜于救灾，责任重于泰山”；“为家庭幸福，请重视安全”；“安全生产，重在预防”；“安全来于警惕，事故出于麻痹”；“夯实安全基础，强化安全管理”；“安全做得细，大家都受益；安全搞得好，效益跑不了”；“严格要求安全在，松松垮垮事故来”；“落实安全规章制度，强化安全防范措施”。

图 6-69　布置安全标语

4. 质量标准

1）在坠落高度 2m 及以上的工作面进行临边作业时，应在临空一侧设置防护栏杆，并应采用密目式安全立网或工具式栏板封闭。

2）分层施工的楼梯口、楼梯平台和梯段边，应安装防护栏杆；外设楼梯口、楼梯平台和梯段边还应采用密目式安全立网封闭。

3）建筑物外围边沿处，应采用密目式安全立网进行全封闭，有外脚手架的工程，密目式安全立网应设置在脚手架外侧立杆上，并与脚手杆紧密连接；没有外脚手架的工程，应采用密目式安全立网将临边全封闭。

4）施工升降机、龙门架和井架物料提升机等各类垂直运输设备设施与建筑物间设置的通道平台两侧，应设置防护栏杆、挡脚板，并应采用密目式安全立网或工具式栏板封闭。

5）各类垂直运输接料平台口应设置高度不低于 1.80m 的楼层防护门，并应设置防外开装置；多笼井架物料提升机通道中间，应分别设置隔离设施。

6.2.3 装配式安全通道

1. 装配式安全通道现场施工图（图 6-70）

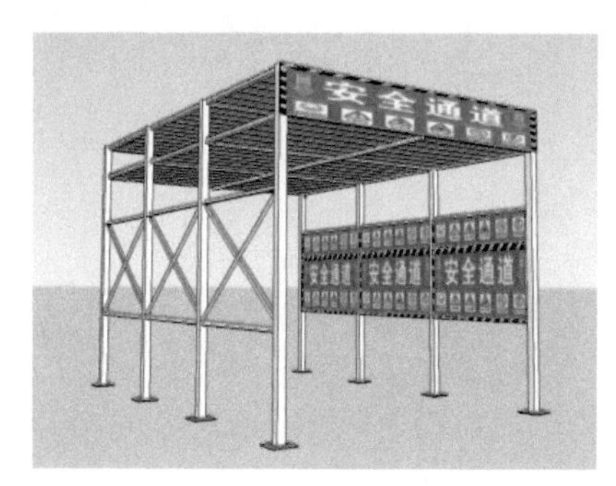

图 6-70 装配式安全通道现场施工图

2. 施工准备

装配式安全通道施工所需要的工具有钢卷尺、铅笔、墨斗、小卷尺、扳手、刷子、灭火器等；机械需要电钻等；材料需要方钢管、角钢、膨胀螺栓、普通螺栓、连接件、木板、安全标语、油漆等。施工前的作业条件应满足：

1）熟悉图纸，组织设计交底工作，学习有关规范、规程。

2）进行安全通道工程相关技术资料收集、整理和学习。

3）学习和讨论关键部位的施工方法和注意事项。

4）确定施工方案、施工方法、搭设工艺。

3. 工艺流程（图 6-71）

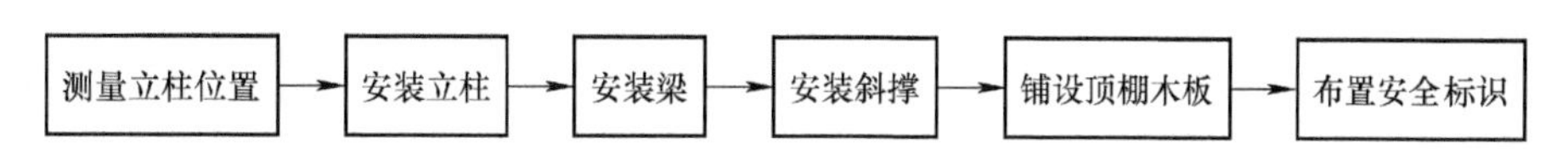

图 6-71 装配式安全通道施工流程

（1）工艺流程

1）测量立柱位置。根据建筑物出入口位置用钢卷尺测量出轴线位置，并用铅笔标记，如图 6-72 所示。使用墨斗弹出轴线，根据图纸测量出立柱的位置后，使用墨斗弹出立柱边线，并确定螺栓孔位置，如图 6-73 所示。

图 6-72 钢卷尺测量

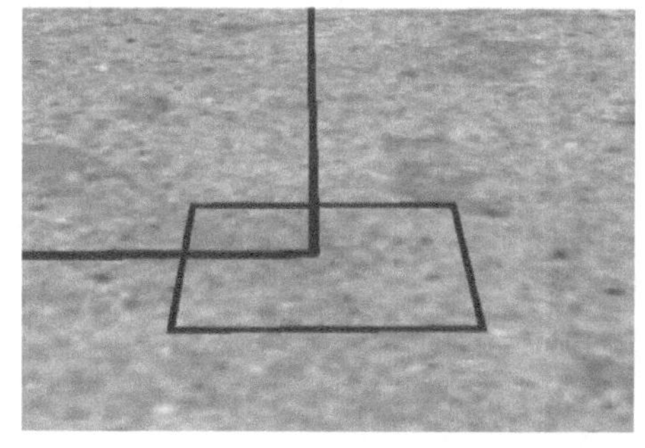

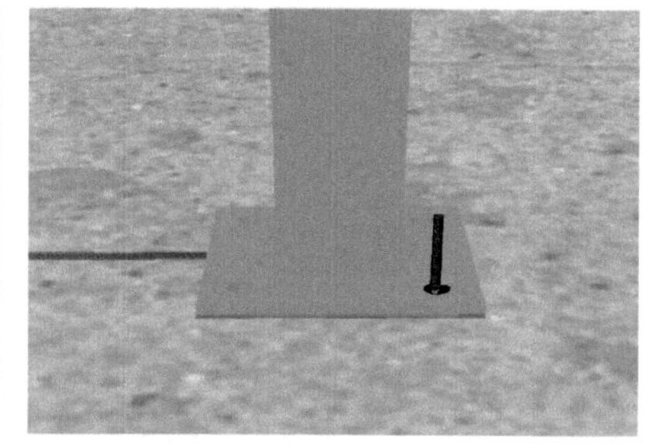

图 6-73 确定螺栓孔位置

2）安装立柱。使用电钻在已标记的位置打孔，深度及孔直径依照图纸设计要求。使用膨胀螺栓固定立柱，然后用扳手拧紧，如图 6-74 所示。将立柱放置于标记位置，并做临时加固，柱脚垫板应与基础面接触平整、密实，如图 6-75 所示。

图 6-74　固定膨胀螺栓

图 6-75　安装立柱

3）安装梁。根据图纸设计位置安装主梁，完成后使用水准仪或标尺校正标高，如图 6-76 所示。

图 6-76　安装梁

4）安装斜撑。根据图纸设计位置安装斜撑，如图 6-77 所示。

5）铺设顶板。铺设木板时，应注意木板之间应接触严密，上下层木板垂直铺设，如图 6-78 所示。

图 6-77　安装斜撑

图 6-78　铺设顶板

6）设置防护标识。根据安全文明工地要求刷警戒色油漆，设置安全标语等设施，并配备灭火器，如图 6-79 所示。

图 6-79　设置防护标识

（2）标语主要的施工工艺

1）对整体场地进行平整碾压，浇筑200mm厚C20混凝土。

2）根据施工出入口的位置确定安全通道的搭设位置，根据图纸测量出立柱位置及螺栓孔位置，使用电钻在螺栓位置打眼。

3）把立柱安装到指定位置，并做临时加固，注意柱脚垫板与基础面接触平整、密实，使用膨胀螺栓固定牢固，安装后及时校正垂直度、标高和轴线位置。

4）将横梁用角钢安装到位置后，并用连接件及螺栓固定，从上到下依次安装。

5）把斜撑安装到位并固定牢固。

6）铺设上下层顶棚盖板，铺设木板时应注意板之间接触严密，上下层木板应垂直方向铺设。铺设好的盖板应用铁丝进行固定。

7）通道门口及内部两侧挂置安全警示牌及标语。安全警示牌应醒目，大小合适。

（3）安全通道拆除　安全通道的拆除顺序是从上到下。拆除前，施工班组应对安全通道进行检查，确定无严重变形后，方可进行拆除。如遇到雨雪、强风等恶劣天气，不得进行拆除工作。拆除时应设置警示线，有专人看护，防止坠物伤人。

（4）拆除顺序　安全通道的拆除顺序如图6-80所示。原则上是先装的后拆，后装的先拆。拆完后应及时清理、分类，所用杆件、扣件应按类分别堆放整齐。

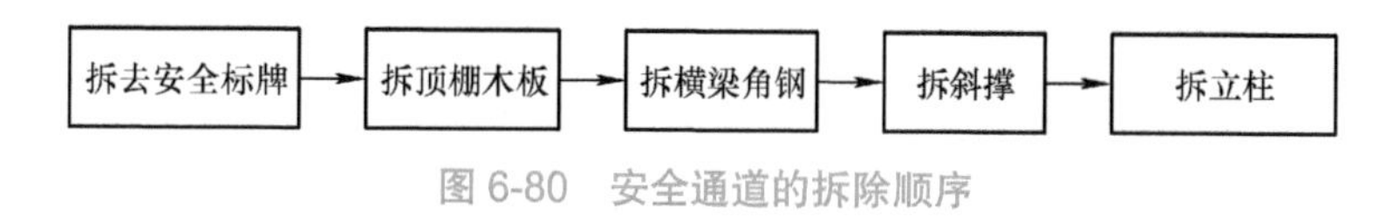

图6-80　安全通道的拆除顺序

4. 质量标准

1）安全通道的各种材料在进入施工现场时，应进行检查验收，检查验收不合格的材料应及时清除出场。

2）主要受力杆件的规格、杆件设置应符合专项施工方案的要求。

3）地基应符合专项施工方案的要求，应平整坚实，垫板必须铺放平整，不得悬空。

4）剪刀撑、斜撑等的加固杆件应设置齐全，连接可靠。

5）搭设过程中门洞、转角等部位的构造应符合规定。

6）在使用过程中，应对安全通道顶部经常性地进行检查与维护，并及时清理架体上的垃圾和杂物。

第 7 章　资料管理及交付 | CHAPTER 7

预制构件作为装配式建筑的主要部分，其生产加工应具有完整的施工项目档案资料，并应与构件的生产同步形成，并做好收集和整理工作。

7.1　构件准备阶段资料

预制构件制作准备阶段的资料主要包括预制构件加工合同、制作准备阶段资料和生产方案计划、安全管理措施等。每项资料都应有负责人签字盖章。

1. 预制混凝土构件加工合同

预制构件加工合同是供需双方为完成特定的装配式构件的生产、运输而签订的明确双方责任和义务的合同。

2. 预制混凝土构件加工图纸、设计文件、设计变更、洽商及交底文件

预制构件的加工制作需要根据设计方案进行构件的深化设计，预制构件加工图在构件加工制作前应进行审核，当原设计文件深度不够，不足以指导生产时，需要生产单位或专业公司另行设计加工详图，如加工详图与设计文件意图不同时，应经原设计单位认可。

加工详图包括：预制构件模具图、配筋图；满足建筑、结构和机电设备等专业要求和构件制作、运输、安装等环节要求的预埋件布置图；面砖或石材的排布图，夹芯保温外墙板内外叶墙拉结件布置图和保温板排布图等。同时，变更文件需与预制构件加工图一起存档。

三好装配式虚实结合项目的安全技术交底和质量技术交底文件如图 7-1、图 7-2 所示。

3. 生产方案计划、安全管理措施、运输方案、成品保护等相关文件

预制构件生产前应编制生产方案计划，包括生产工艺、施工所需机具、质量控制标准及措施、成品堆放及保护等内容。必要时还包括构件吊运、翻转和运输等相关内容的承载力验算等。构件加工施工方案如图 7-3 所示。

构件加工分项工程安全技术交底卡			
GD2301003 □□			
施工单位			
工程名称	装配式建筑虚实结合项目	分部工程	主体工程
分项工程名称	构件加工	日　期	年 月 日
交底内容	1.进入施工现场必须遵守安全生产有关规定，戴好安全帽，高处作业的人员必须配戴安全带，并应系牢固。 2.工作前应检查施工使用的工具是否牢固，扳手等工具必须用绳链系在身上。 3.起重吊装时按要求设置醒目的警示标志，所有人员严禁在起重臂和吊起的重物下停留或行走。 4.起重机司机、指挥人员、起重工、电焊工等必须持证上岗，严禁无证操作。 5.吊装不易放稳的构件，应用卡环，不得用吊钩。 6.使用抽销卡环吊构件时，卡环主体和销子必须系牢在绳扣上，并应将绳扣收紧。严禁在卡环下方拉销子。 7.现场施工负责人应为起重作业提供足够的工作场地，清除或避开起重臂起落及回转半径内的障碍物。 8.明确起重指挥人员，现场工作人员必须听从指挥人员的统一指挥，指挥人员发出的信号、口令必须正确、清楚。 9.应对起重用的钢丝绳、滑轮等进行仔细检查，不合格的禁止使用。		
专业技术负责人：	交底人：		接受人：

图 7-1　安全技术交底卡

<table>
<tr><td colspan="4">构件加工分项工程质量技术交底卡</td></tr>
<tr><td colspan="4">GD2301003 □□</td></tr>
<tr><td>施工单位</td><td colspan="3"></td></tr>
<tr><td>工程名称</td><td>装配式建筑虚实结合项目</td><td>分部工程</td><td>主体工程</td></tr>
<tr><td>分项工程名称</td><td>构件加工</td><td>日　期</td><td>年 月 日</td></tr>
<tr><td>交底内容</td><td colspan="3">一、施工准备
1.材料准备:钢筋、混凝土。
2.主要机具：水准仪、清理机、喷油机、边模机、钢筋机、预埋机、布料机、振捣机、抹平机、拉毛机、脱模机、翻板机。
3.作业条件:
(1)设计图纸已审核完成。
(2)具备施工条件。
二、施工工艺
工艺流程:测量放线→安装支撑体系→吊装叠合楼板→楼板接缝处理、墙板接缝处理→自检与验收。
铲掉模具端头及内模表面残留的混凝土渣，用抹布或钢刷清理干净，露出模具金属底色。清理垃圾，将挡边依次放置在底座四周，用刷子或抹布在所有挡边与构件接触面涂抹脱模剂，有倒角间隙的模具应进行打胶。要求模具清理干净，脱模剂涂抹均匀，不得漏涂或不涂。根据构件图纸将挡边放置在底座对应位置，将下层挡边与底座对齐，用螺栓拧紧连接。根据构件图纸要求调整模具安装尺寸，拧紧所有螺栓，模具有装配间隙处进行打胶处理以防漏浆，长、宽误差均为 ±1.5mm。
将对应的钢筋网按构件图纸要求放置在挡边内，四周及底边放置高度为3mm的垫块。
钢筋绑扎间距不允许超过150mm，扎丝绑扎方向朝内，不得影响保护层或外露。
用扎丝绑扎连接套筒和钢筋，并用扎丝连接套筒和波纹管伸出对应的模具孔，调整套筒位置并固定牢固，模具外用胶带缠木塞并塞入波纹管，用密封胶密封以防漏浆。
按图纸在吊顶底部安装加强筋，并用扎丝绑扎牢固，吊顶的安装要垂直。
布料前进行清理，用吸尘器清理挡边内残渣或灰尘，要求模具内无扎丝等，以免影响构件表观质量。</td></tr>
<tr><td colspan="4">专业技术负责人:　　　　　　　　交底人:　　　　　　　　接受人:</td></tr>
</table>

图 7-2　质量技术交底卡

三好股份
GOOD SOFTWARE

构件加工施工方案

样表

构件加工施工方案

一、编制依据

1.设计图纸。

2.《装配式混凝土建筑技术标准》(GB/T 51231—2016)。

二、工程概况

西安三好大厦办公楼位于××路与××路交汇处；建筑面积××m^2；地下××层，地上××层，总高度××m，为装配式混凝土结构。本工程建筑物使用年限为50年，耐火等级为地下一级，地上二级。

构件采用加工厂预制。

三、施工准备

1.设备机具及材料

机具：清理机、喷油机、边模机、钢筋机、预埋机、布料机、振捣机、抹平机、拉毛机、脱模机、翻板机。

材料：混凝土、钢筋。

2.作业条件

(1) 设计图纸已审核完成。

(2) 具备施工条件。

四、工艺流程

施工准备→清理→划线→喷油→边模放置→钢筋摆放→预埋件设置→混凝土布料→振捣→抹平→预养护→拉毛→养护→脱模→翻板吊装。

铲掉模具端头及内模表面残留的混凝土渣，用抹布或钢刷清理干净，露出模具金属底色。清理垃圾，将挡边依次放置在底座四周，用刷子或抹布在所有挡边与构件接触面涂抹脱模剂，有倒角间隙的模具应进行打胶。要求模具清理干净，脱模剂涂抹均匀，不得漏涂或不涂。

根据构件图纸将挡边放置在底座对应位置，将下层挡边与底座对齐，用螺栓拧紧连接。

根据构件图纸要求调整模具安装尺寸，拧紧所有螺栓，模具有装配间隙处进行打胶处理以防漏浆，长、宽误差均为±1.5mm。

品质好　信誉好　服务好

图 7-3　构件加工施工方案

7.2 构件制作阶段资料

混凝土预制构件的生产过程必须严格控制，做好进场材料的检验工作，所有材料须提供质量合格证、试验报告等质量证明文件，部分材料需要复检，检验合格后方可使用。在混凝土浇筑前，需要做好隐蔽工程的验收，同时要对检验报告存档，为构件交付提供依据。构件制作阶段的资料包括以下内容：

1）原材料质量证明文件、复检试验记录和试验报告。

2）混凝土试配资料。

3）混凝土配合比通知单。

4）混凝土开盘鉴定。

5）混凝土强度报告。

6）钢筋检验资料、钢筋接头的试验报告。

7）模具检验资料。

8）预应力施工记录。

9）混凝土浇筑记录。

10）混凝土养护记录。

11）构件检验记录。

12）构件性能检测报告。

混凝土开盘鉴定、强度评定、施工记录如图 7-4~ 图 7-6 所示。

混凝土开盘鉴定							
表D2-8				编号:			
工程名称及部位					搅拌设备		
施工单位							
强度等级					要求坍落度		
配合比编号					试配单位		
水灰比					砂　率		
材料名称		水泥	砂	石	外加剂	掺合料	
每m³用料/(kg/m³)							
调整后每盘用料/kg							
		砂率：　%				石子含水率　%	
鉴定结果	鉴定项目	混凝土拌合物		混凝土试块抗压强度			原材料与申请单是否相符
		坍落度	保水性	$f_{cu,28}$ /MPa			
	设计						
	实测						
	鉴定意见						
备注:							
建设（监理）单位		混凝土试配单位			施工单位技术负责人		搅拌机组负责人
鉴定日期		年　月　日					

图 7-4　混凝土开盘鉴定

<table>
<tr><td colspan="11">混凝土试块强度统计、评定记录</td></tr>
<tr><td colspan="11">编号:</td></tr>
<tr><td>工程名称</td><td colspan="8"></td><td>强度等级</td><td></td></tr>
<tr><td>填报单位</td><td colspan="8"></td><td>养护方法</td><td></td></tr>
<tr><td>统计期</td><td colspan="8">年　月　日至　年　月　日</td><td>结构部位</td><td></td></tr>
<tr><td rowspan="2">试块组数 n</td><td colspan="2" rowspan="2">强度标准值 $f_{cu,k}$ /MPa</td><td colspan="2" rowspan="2">平均值 $m_{f_{cu}}$/MPa</td><td colspan="2" rowspan="2">标准值 $S_{f_{cu}}$ /MPa</td><td colspan="2" rowspan="2">最小值 $f_{cu,min}$/MPa</td><td colspan="2">合格判定系数</td></tr>
<tr><td>λ_1</td><td>λ_2</td></tr>
<tr><td rowspan="8">每组强度值/MPa</td><td></td><td></td><td></td><td></td><td></td><td></td><td></td><td></td><td></td><td></td></tr>
<tr><td></td><td></td><td></td><td></td><td></td><td></td><td></td><td></td><td></td><td></td></tr>
<tr><td></td><td></td><td></td><td></td><td></td><td></td><td></td><td></td><td></td><td></td></tr>
<tr><td></td><td></td><td></td><td></td><td></td><td></td><td></td><td></td><td></td><td></td></tr>
<tr><td></td><td></td><td></td><td></td><td></td><td></td><td></td><td></td><td></td><td></td></tr>
<tr><td></td><td></td><td></td><td></td><td></td><td></td><td></td><td></td><td></td><td></td></tr>
<tr><td></td><td></td><td></td><td></td><td></td><td></td><td></td><td></td><td></td><td></td></tr>
<tr><td></td><td></td><td></td><td></td><td></td><td></td><td></td><td></td><td></td><td></td></tr>
<tr><td rowspan="3">评定结果</td><td colspan="6">统计方法</td><td colspan="4">非统计方法</td></tr>
<tr><td colspan="2">$0.9f_{cu,k}$</td><td colspan="2">$m_{f_{cu}}\lambda_1 S_{f_{cu}}$</td><td colspan="2">$\lambda_2 f_{cu,k}$</td><td colspan="2">$1.15f_{cu,k}$</td><td colspan="2">$0.95f_{cu,k}$</td></tr>
<tr><td colspan="2"></td><td colspan="2"></td><td colspan="2"></td><td colspan="2"></td><td colspan="2"></td></tr>
<tr><td>判定式</td><td colspan="4">$m_{f_{cu}}\lambda_1 S_{f_{cu}} \geqslant 0.95f_{cu,k}$</td><td colspan="2">$f_{cu,k} \geqslant \lambda_2 f_{cu,k}$</td><td colspan="2">$m_{f_{cu}} \geqslant 1.15f_{cu,k}$</td><td colspan="2">$f_{cu,min} \geqslant 0.95f_{cu,k}$</td></tr>
<tr><td>结果</td><td colspan="4"></td><td colspan="2"></td><td colspan="2"></td><td colspan="2"></td></tr>
<tr><td colspan="11">结论:符合《混凝土强度检验评定标准》要求，合格。</td></tr>
<tr><td colspan="2">技术负责人</td><td colspan="3">审核</td><td colspan="3">计算</td><td colspan="3">制表</td></tr>
<tr><td colspan="2"></td><td colspan="3"></td><td colspan="3"></td><td colspan="3"></td></tr>
<tr><td colspan="2">报告日期</td><td colspan="9">年　月　日</td></tr>
<tr><td colspan="2" rowspan="2">监理（建设）单位</td><td colspan="9">项目监理工程师（建设单位项目技术负责人）</td></tr>
<tr><td colspan="9">年　月　日</td></tr>
</table>

图 7-5　混凝土强度评定

<table>
<tr><td colspan="9">混凝土施工记录</td></tr>
<tr><td colspan="9">编号：</td></tr>
<tr><td>工程名称</td><td colspan="4"></td><td colspan="2">施工单位</td><td colspan="2"></td></tr>
<tr><td>浇筑部位及结构名称</td><td colspan="4"></td><td colspan="2">混凝土数量/m^3</td><td colspan="2"></td></tr>
<tr><td>水泥品种及等级</td><td colspan="4"></td><td colspan="2">当班完成量/m^3</td><td colspan="2"></td></tr>
<tr><td>混凝土强度等级</td><td colspan="4"></td><td colspan="2">捣固方法</td><td colspan="2"></td></tr>
<tr><td>拌和方法</td><td colspan="4"></td><td colspan="2">施工日期</td><td colspan="2">年　月　日</td></tr>
<tr><td>养护情况</td><td colspan="2"></td><td>气温</td><td></td><td colspan="2">拆模日期</td><td colspan="2">年　月　日</td></tr>
<tr><td colspan="9">混凝土配合比（混凝土配合比设计报告单编号）</td></tr>
<tr><td>材料</td><td>水泥</td><td>砂</td><td>石</td><td>水</td><td colspan="2">外加剂及数量</td><td colspan="2">外掺混合材料名称及用量</td></tr>
<tr><td>每盘数量</td><td></td><td></td><td></td><td></td><td colspan="2"></td><td colspan="2"></td></tr>
<tr><td>每立方米数量</td><td></td><td></td><td></td><td></td><td colspan="2"></td><td colspan="2"></td></tr>
<tr><td colspan="9">试块数量、编号及实验结果</td></tr>
<tr><td rowspan="2">试块</td><td rowspan="2">留置数量</td><td colspan="7">试压结果</td></tr>
<tr><td>1</td><td>2</td><td>3</td><td>4</td><td>5</td><td>6</td><td>7</td></tr>
<tr><td colspan="2">试压报告编号及龄期</td><td></td><td></td><td></td><td></td><td></td><td></td><td></td></tr>
<tr><td>同条件养护</td><td></td><td></td><td></td><td></td><td></td><td></td><td></td><td></td></tr>
<tr><td>标准养护</td><td></td><td></td><td></td><td></td><td></td><td></td><td></td><td></td></tr>
<tr><td colspan="9">备注：</td></tr>
<tr><td colspan="3">技术负责人</td><td colspan="3">试验员</td><td colspan="3">工长</td></tr>
<tr><td colspan="3"></td><td colspan="3"></td><td colspan="3"></td></tr>
</table>

图 7-6　混凝土施工记录

7.3 成品交付阶段资料

1. 构件出厂合格证

构件出厂时应有合格标识，其内容包括工程名称、构件名称、出厂批号、设计配合比、混凝土强度、性能评定结果，并有签字和盖章等，如图 7-7 所示。

预应力混凝土预制构件出厂合格证									
编号：						合同编号：			
工程名称					单位工程名称				
生产单位				使用单位		使用部位			
构件名称				规格型号		出厂批号			
浇筑日期				出厂日期		代表数量			
张拉机具名称、编号				标定日期		标定合格证号			
混凝土设计配合比	水泥	细集料	粗集料	水	外加剂	掺合料	报告编号		
主要质量技术指标	主要原材料	名称	主钢筋规格			预应力筋	锚具	夹具	波纹管
		试验结果							
		试验报告编号							
	预应力筋张拉	张拉数量/根	实际张拉控制应力偏差值范围			实际张拉伸长量偏差值范围/mm		张拉异常情况	
								滑丝	断丝
	混凝土强度	设计强度/MPa	项目			产品出厂最小强度值/MPa		标养试块评定结果	
			试验结果						
			试验报告编号						
	结构性能	项目	承载能力		挠度	裂缝最大宽度/mm		评定结果	
		实测							
	尺寸规格	检查项目						评定结果	
		设计							
		实测值范围							
外观质量									
质保资料		内容					检查结果		
		外购原材料、构配件合格证和试验报告							
		混凝土配合比和强度试验报告							
		结构性能评定和结构试验记录							

图 7-7 混凝土预制构件出厂合格证

2. 混凝土强度检验报告

混凝土强度是指混凝土立方体抗压强度，其强度标准应按规定《混凝土强度检验评定标准》（GB/T 50107—2010）执行。

1）根据国家相关规范，引进具有本行业相应资质的第三方工程试验检测机构，对混凝土试块进行检测，并生成混凝土强度检验报告。

2）对于混凝土试块强度不合格的情况，项目部应加强混凝土试块和现场施工管理工作。在制作试块和送检时，送检人员也应仔细检查核实，防止记录标识错误。

3. 钢筋套筒等其他构件钢筋连接类型的工艺检验报告

根据规程要求，钢筋连接前，应对不同钢筋生产厂的进场钢筋进行接头工艺检验。

4. 质量事故分析和处理资料

事故处理结束后必须尽快向主管部门和相关单位提交完整的事故处理报告，其内容包括：事故调查的原始资料、测试的数据；事故原因分析、论证；事故处理的依据；事故处理的方案及技术措施；实施质量处理中有关的数据、记录、资料；检查验收记录；事故处理的结论等。建设工程质量事故报告书如图 7-8 所示。

建设工程质量事故报告书					
编号：					
工程名称			建设地点		
建设单位			设计单位		
施工单位			建筑面积/m^2		
			工程造价/元		
结构类型			事故发生地点		
上报时间			经济损失/元		
事故经过、后果与原因分析：					
事故发生后采取的措施：					
事故责任单位、责任人及处理意见：					
负责人		报告人		日期	

图 7-8　建设工程质量事故报告书

5. 其他与预制混凝土构件生产和质量有关的重要文件资料

1）法律法规和规范性文件。

2）技术标准。

3）企业制定的质量手册、程序文件和规章制度等质量体系文件。

4）与预制构件产品有关的设计文件和资料。

5）与预制构件产品有关的技术指导书和质量管理控制文件。

6）其他相关文件。

预制构件质量验收记录如图 7-9 所示。

装配式结构预制构件构验批质量验收记录

2020601001

单位（子单位）工程名称	三好虚实结合项目	分部（子分部）工程名称	主体结构分部–混凝土结构子分部	分项工程名称	装配式结构分项
施工单位		项目负责人		检验批容量	
分包单位		分包单位负责人		检验批部位	
施工依据	混凝土结构工程施工规范		验收依据	混凝土结构工程施工质量验收规范	

验收项目					设计要求及规范规定	最小/实际抽样数	检查记录	检查结果
主控项目	1	预制构件的质量			第9.2.1条	/	符合设计要求及规范规定	合格
	2	预制构件结构性能检验			第9.2.2条	/	符合设计要求及规范规定	合格
	3	预制构件的外观质量不应有严重缺陷且不应有影响结构性能和安装、使用功能的尺寸偏差			第9.2.3条	/	符合设计要求及规范规定	合格
	4	预埋件、预留插筋、预埋管线等的规格和数量以及预留孔、预留洞的数量应符合设计要求			第9.2.4条	/	符合设计要求及规范规定	合格
一般项目	1	长度	楼板、梁、柱、桁架	＜12m	±5mm	/	符合设计要求及规范规定	合格
				≥12m且＜18m	±10mm	/	符合设计要求及规范规定	合格
				≥18m	±20mm	/	符合设计要求及规范规定	合格
			墙板		±4mm	/	符合设计要求及规范规定	合格
	2	宽度、高(厚度)	楼板、梁、柱、桁架		±5mm	/	符合设计要求及规范规定	合格
			墙板		±4mm	/	符合设计要求及规范规定	合格
	3	表面平整度	楼板、梁、柱、墙板内表面		5mm	/	符合设计要求及规范规定	合格
			墙板外表面		3mm	/	符合设计要求及规范规定	合格
	4	侧向弯曲	楼板、梁、柱		L/750 且≤20 (L= ____ mm)	/	符合设计要求及规范规定	合格
			墙板、桁架		L/1000且≤20 (L= ____ mm)	/	符合设计要求及规范规定	合格
	5	翘曲	楼板		L/750 (L= ____ mm)	/	符合设计要求及规范规定	合格
			墙板		L/1000 (L= ____ mm)	/	符合设计要求及规范规定	合格

图 7-9 预制构件质量验收记录

第 8 章　安全文明施工 | CHAPTER 8

装配式建筑的生产活动具有一定的危险性，为避免造成人员伤亡和财产损失，应注重安全文明施工，采取相应的事故预防和控制措施。本章根据安全文明施工相关标准以及施工设备的安全使用要求进行详细介绍，以加强操作人员的安全警示教育，保证从业人员的人身安全。

8.1　安全文明施工标准化

8.1.1　安全文明施工标准化管理

安全文明施工标准化就是施工项目在施工过程中科学地组织安全生产，规范化、标准化管理现场，使施工现场按现代化施工的要求保持良好的施工环境和施工秩序，这是施工企业的一项基础性的管理工作。其目标是以实施施工现场管理标准化为突破口，整合管理资源，建立有效的预防与持续改进机制，全面改革现场管理方式和施工组织方式，从而提高企业管理水平，提高政府监管和产业发展水平。

1. 施工安全组织保证体系

安全组织保证体系是从组织管理机构的设置、人员配置和职责范围等方面出发建立起的安全生产保证体系。安全生产组织保证体系一般由最高权力机构、专职管理机构、安全职能部门和专、兼职安全管理人员组成，如图 8-1 所示的安全组织保证体系。

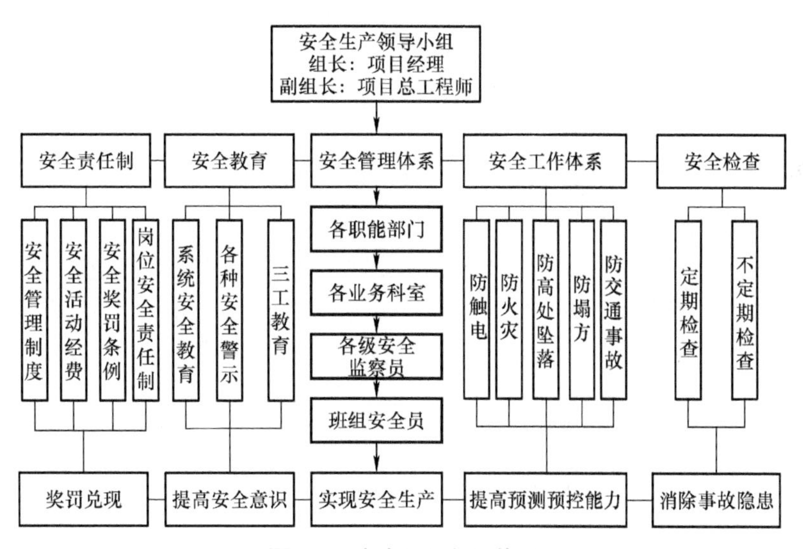

图 8-1　安全组织保证体系

2. 机械设备安全标准化管理

（1）机械设备安全标准化管理的内容　机械设备安全标准化管理是根据机械设备安全的要求，通过制度上、技术上、管理上的措施，确保设备各装置完好可靠，操作人员遵章作业，达到标准、规范的要求。

（2）机械设备安全标准化管理的特点

1）种类众多。建筑施工机械设备种类众多，大致可分为动力机械、起重吊装机械、土石方机械、水平和垂直运输机械、桩工机械、水工机械、混凝土机械、钢筋加工机械、木工加工机械、钣金和管工机械、装修机械、铆焊机械、手持式电动工具等。建筑工程机械化施工的程度越来越高，施工现场机械设备的种类和数量也越来越多，多种设备协同作业较多。

2）结构复杂。起重机、龙门吊、物料提升机、混凝土机械等大型设备，机构复杂，体积庞大，维修保养管理难度较大。

3）危险性大。机械伤害导致的安全事故是建筑业五大伤害（高空坠落、物体打击、触电、坍塌和机械伤害）之一。常见事故有：机器设备转动部分的轮轴、齿轮、皮带、飞轮、砂轮、电锯，在转动时所引起的绞、辗；手持式电动工具发生触电；大型设备垮塌、倾翻；起重设备吊装作业时，吊装物掉落、钢丝绳断裂等。

4）作业环境差。机械设备都是露天作业，风吹雨淋、高温严寒、扬尘较多，对机械的各种装置损坏较大，对机械的使用寿命、工作可靠性、安全性产生不利影响。

5）操作人员工作强度大。机械施工往往连续作业，作业环境差，操作人员工作时间过长，体力、精力消耗大，疲劳作业较多。

（3）机械设备安全标准化管理的意义　人员和机械设备是施工现场重要的组成部分，机械设备自身具有很高的技术要求，存在很多的不安全因素，操作人员稍有疏忽，轻则机械损坏，重则发生破坏性事故使机械报废，甚至发生人身伤亡的事故。机械设备标准化的安全管理，能够保证设备的性能完好，消除设备自身的安全隐患，同时在使用、保养、维修等过程中规范人的操作行为，在施工中杜绝或减少机械事故的发生，确保机械设备及人身安全，创造良好的经济效益。

3. 临时用电安全标准化管理

（1）临时用电安全标准化管理的内容　临时用电安全标准化管理是根据施工现场临时用电的安全技术要求，通过制度上、技术上、管理上的措施，确保用电系统安全可靠，达到标准、规范的要求。临时用电在施工现场使用广泛，分为生产用电和生活用电，包括电缆布设，配电箱、开关箱设置，用电设备的防护等。

（2）临时用电安全标准化管理的特点

1）动态性。施工现场的施工范围、施工内容不断发生变化，用电设备跟随施工进度推进，临时用电系统也不断地随着变化。

2）危险性。触电是施工现场五种常发生的安全隐患之一，电流看不见、摸不着，管理不善，很容易造成安全事故。

3）环境差。施工现场露天作业多，刮风、下雨、尘土等对电缆、电箱损害很大，容易造成接线松动、电器元件损坏、电缆和设备漏电等。

（3）临时用电安全标准化管理的意义　临时用电是发生安全事故较多的领域，临时用电安全管理是施工现场安全管理的重要组成部分，做好临时用电安全管理的标准化，保证现场用电系统整齐规范布设、配电装置标准配备，对于确保现场用电安全，消除用电安全隐患，避免发生触电事故具有重要意义。

4. 安全防护标准化管理

（1）安全防护标准化管理的内容　安全防护标准化管理根据安全生产的内在规律，按照预防为主的原则，对施工现场的危险因素采取防范措施，达到规范、标准的要求。安全防护管理包括劳动防护用品管理和安全防护设施管理。

（2）安全防护标准化管理的特点

1）预防性。安全防护设施是按照预防为主的方针采取的措施，具有预防性。

2）强制性。建筑施工现场具有高危险性，安全防护设施是保障人员作业安全的基本措施，具有强制性。

3）固定性。在施工过程中，安全防护设施设置或配备后，是固定不变的，直至工程结束。

（3）安全防护标准化管理的意义　建筑施工现场危险性高，各种机械、用电设施、材料等大量使用，高处作业、临边作业、交叉作业、特种人员作业较多，高处坠落、物体打击事故发生概率较大，在施工中配备各项标准化的安全防护设施和劳动保护用品，能为作业人员提供安全的作业环境，保护人员的安全。

5. 文明施工标准化管理

（1）文明施工标准化管理的内容　在施工现场，安全管理和文明施工密不可分，安全必须文明，文明保障安全，安全和文明施工共处一体，组成了安全文明施工的共同体。创建文明工地，实施文明施工标准化管理，推行文明施工和文明作业，可保持施工井然有序，确保施工安全生产。文明施工标准化管理就是为保障作业人员健康安全，在施工现场为作业人员创造符合标准的生产和生活环境。文明施工管理包括生活、办公、临建设施管理，施工现场围挡、门卫管理，场地道路管理，设施材料管理，环境管理，安全标牌管理。

（2）文明施工标准化管理的意义　施工现场大多是露天施工，作业环境、生活环境较差，脏、乱、差的施工现场条件和生活条件是引起安全隐患的另一个方面。不良的环境容易使人疲劳，产生焦虑和烦躁等负面情绪，不同程度上影响操作的准确性和安全性，成为安全施工的隐患。生活区卫生条件差，容易滋生蚊蝇，产生细菌病毒，对人的健康损害较大。达不到条件的取暖、降温设施，使作业人员休息不足，容易疲劳作业，注意力不集中，也容易在作业过程中发生事故。此外，现场废水、尘土、噪声、振动、坠落物不仅会给人带来安全、健康方面的影响，还会加速机械设备的损耗，导致机械设备不能正常运行，甚至发生事故。因此，实现职业健康环境管理的标准化，为操作者创建良好的施工环境和办公、生活环境，是提高安全管理工作的一个重要方面。

8.1.2　安全文明施工标准化措施

1. 建立和完善安全文明管理体系

坚决贯彻“安全第一，预防为主，综合治理”的方针，杜绝重大伤亡事故发生；建立工程项目安全生产管理领导小组，建立安全管理保证体系。项目部设专职安全员，设立安全监督岗位，明确各自岗位的管理职责。施工现场实行标准化管理，以工程项目部为核心成立安全文明施工领导与管理小组，项目经理任组长，生产经理、技术负责人任副组长，成员由施工员、质检员、安全员、资料员、材料员、技术员等组成，由生产经理和安全员具体负责组织该工程的现场文明施工及安全生产管理工作。

项目经理对整个工程安全文明施工负责，分管生产的生产经理对安全文明生产负直接领导责任，具体组织实施各项安全技术措施和安全制度；分管技术的技术负责人负责组织安全技术措施及专项安全施工方案的编制和审核、安全技术交底和安全技术教育；现场专职安全管理人员负责日常安全管理和安全监督；施工员对施工范围内的安全生产负责，贯彻落实各项安全技术措施，做到各专业人员有岗有责。

2. 机械设备安全标准化管理措施

（1）建立机械安全技术责任制　机械设备种类众多，在管理、使用、保养、维修等各个环节，关系比较复杂，施工企业需要建立机械安全技术责任制，具体负责内容包括：审定机械施工方案的安全技术措施；负责机械化施工中安全技术措施的落实；负责机械的安全技术管理工作；负责机械的安全技术交底；制订设备的安全管理制度；负责操作人员的培训和持证上岗。

（2）执行三定原则　三定原则即定人、定机、定岗位的原则，是落实机械技术责任制的一种制度，是机械管理中的一个重要原则。三定原则就是每台机械都有机长或负责人，把人和机械的关系固定下来，把机械使用、保养、维修的各个环节都落实到每个人身上，做到台台设备有人管，人人有专管、人人有专责。三定原则有利于操作人员熟悉机械情况，有利于机械使用、保养和维修，有利于操作人员的正确操作和安全使用，可加强其责任感，减少机械的损坏和机械事故的发生，提高机械的完好率，延长使用寿命，还能够提高操作人员操作机械的熟练程度及生产效率。

（3）执行三检原则　三检原则即工作前检查、工作中观察、工作后检查保养的原则。对机械进行全面全过程的安全检查，检查周边的作业环境是否满足安全作业的需要，机械各部件连接结构的稳固性，各安全装置的灵敏有效性，油、水、电、液压、传动、制动系统的完好性。通过三检原则能够有效地发现作业环境及机械自身存在的不安全因素，并能及时停止作业，消除危险状态，避免造成机损或人员伤亡事故。

（4）实行机械交接班制度　施工现场往往每天连续施工，昼夜不停，人停机械不停，机械多班作业或多人轮班作业，为了使交接班人员相互了解机械技术状况、需要保养维修的内容，避免接班者不知道机械存在的问题或没有及时进行保养维修而造成事故。机械在交接班时，双方都要对机械进行全面检查，对存在的问题或注意事项、技术状况等做到项目不漏，交代清楚。操作人员不得擅离工作岗位，不准将机械交给非本机操作人员操作。

（5）遵守设备的安全操作规程　每一种设备都有各自的安全操作规程，施工企业必须对设备的操作者进行安全教育、安全培训和安全交底，使操作者熟知设备的安全操作规程，并严格执行安全操作规程。同时，企业应将设备的安全操作规程粘贴或悬挂在设备便于操作者看到的位置上。

（6）特种设备的安全管理　施工现场使用的特种设备主要是起重运输设备。特种设备投入使用前，必须具有生产许可证、产品合格证及相应的编号、发证单位、年检日期和使用说明书，并且必须经当地技术监督检验部门检验合格出具检验报告和检验合格证。特种设备的操作者必须经培训合格取得操作证书方能上机操作。物料提升机及垂直运输设备的拆装等，应单独编制专项施工方案，并且必须由具有相应资质的单位进行操作。特种设备的安全防护装置及检测、指示、仪表和自动报警装置等应保持齐全完好，安全装置失效或不全的禁止使用。

3. 临时用电安全标准化管理

1）施工现场临时用电应采用三相五线制标准布设。施工用电设备在5台以上或设备总容量在50kW以上时，应编制安全用电专项施工组织设计。施工用电设备在5台以下或设备总容量在50kW以下时，在施工组织设计中应有施工用电专篇，明确安全用电和防火措施。

2）现场生活、办公、施工临时用电系统应实施有效的安全用电和防火措施。

3）直埋电缆埋设深度和架空线路架设高度应满足安全要求，直埋电缆路径应设置方位标志，电缆通过道路时应采用套管保护，套管应有足够强度。

4）各级配电箱装设应端正、牢固、防雨、防尘，并加锁，设置安全警示标志，总配电箱和分配电箱附近配备消防器材。

5）总配电箱、开关箱内应配置漏电保护器。配电箱内应配有接线示意图和定期检查表，并由专业电工负责定期检查、记录。电源线、重复接地线、保护零线应连接可靠。

6）建立用电安全技术档案。工程项目应由电气技术人员建立用电安全技术档案，内容包括：用电组织设计的全部资料；用电技术交底资料；用电工程检查验收表；电气设备的试、检验凭单；调试记录；接地电阻、绝缘电阻和漏电保护器动作参数测定记录表；定期检查复查表；电工安装、巡检、维修、拆除工作记录。

4. 安全防护标准化管理措施

（1）高空作业的安全防控措施

1）高空作业场所禁止非施工人员进入。

2）脚手架搭设符合规范要求并经常检查维修，作业前先检查稳定性。

3）高空作业人员应衣着轻便，穿软底鞋。

4）患有精神病、癫痫病、高血压、心脏病及酒后、精神不振者严禁从事高空作业。

5）高空作业地点必须有安全通道，通道不得堆放过多物件、垃圾和废料，如有应及时清理运走。

6）距地面1.5m及1.5m以上高处作业必须系好安全带，将安全带挂在上方牢固可靠处，高度不低于腰部。

7）遇有六级以上大风及恶劣天气时应停止高空作业。

8）严禁人随吊物一起上落，吊物未放稳时不得攀爬。

9）高空行走、攀爬时严禁手持物件。

10）及时清理脚手架上的工件和零散物品。

（2）防止高空落物伤人的安全措施

1）对于重要、大件吊装必须制定详细的吊装施工安全措施，并有专人负责，统一批示，配置专职安全人员监护。

2）非专业起重工不得从事起吊作业。

3）各个临时承重平台要进行专门预压并核算其承载力，焊接时由专业焊工施焊并经检验合格后才允许使用。

4）起吊前对吊物上的杂物及小件物品进行清理或绑扎。

5）从事高空作业时必须佩戴工具袋，大件工具要绑上保险绳。

6）加强高空作业场所及脚手架上小件物品的清理、存放工作，做好物件防坠措施。

7）上下传递物件时要用绳传递，不得上下抛掷；传递小工件时使用工具袋。

8）尽量避免交叉作业，拆架或起重作业时，作业区域设警戒区，严禁无关人员进入。

9）割切物件材料时应有防坠落措施。

10）起吊零散物品时要用专用吊具进行起吊。

（3）消防设施

1）易燃易爆物品、仓库、宿舍、加工区、配电箱及重要机械设备附近，应按规定配备灭火器、砂箱、水桶、斧、锹等消防器材，并放在明显、易取处。

2）易燃、易爆液体或气体（油料、氧气瓶、乙炔气瓶、六氟化硫气瓶等）等危险品应存放在专用仓库或实施有效隔离，并与施工作业区、办公区、生活区、临时休息棚保持安全距离，危险品存放处应有明显的安全警示标志。

3）消防器材应使用标准的架、箱，应有防雨、防晒措施，每月检查并记录检查结果，定期检验，保证处于合格状态。

5. 文明施工标准化管理措施

（1）场容场貌

1）大门与七牌二图。施工现场进行封闭管理，大门右侧设置“进入施工现场，请正确佩戴安全帽”的警示牌，提醒进入现场的人员注意安全帽及劳保用品佩戴。大门两侧及场内明显位置统一设置宣传标语、管理方针和七牌二图，以及宣传栏和通知栏，及时反映工地内的各项动态。

2）现场道路硬化。按照施工组织部署，地基基础施工阶段，在施工现场内设置主要施工道路并形成环形，交通网覆盖整个现场，起到良好的现场降尘作业。

3）现场排污管理。合理规划排污系统，现场污水经必要的处理后排入市政污水管网。

生产用水：主要通道设置截水沟和排水暗沟，工地大门口设置洗车槽和沉淀池，施工用水须经过沉淀池后再流入市政污水管道，同时建立车辆冲洗制度，并落实责任人。

生活用水：主要生活用水为食堂用水及厕所用水。由食堂排出的污水须经过隔油池处理后排入化粪池，严禁直接排入市政管道。厕所用水经过化粪池处理后排入市政污水井，定期对化粪池进行清洗。

4）施工现场清理。设置专门的垃圾设施，派专人每天进行道路冲洗，防止扬尘，保护周边空气清洁。加强现场清洗工作，保证现场和周围环境的清洁文明。

5）材料堆放。各种材料、工器具按照要求做好标识，分类堆放。材料码放区地面全部硬化，周围设置钢管围挡，做到整齐清洁、堆放有序。严格管理施工过程，各工序要做到“落手清”“日日清”。建筑垃圾进入废料池集中堆放，及时外运，多余的材料和使用结束的设备及时退场。

（2）标识标牌

1）大门两侧设置七牌二图。七牌指工程概况牌、管理人员名单牌、安全生产六大纪律牌、十项安全技术措施牌、工地卫生须知牌、防火须知牌、安全警示牌；二图指施工现场平面布置图、施工现场卫生包干区图。

2）安全帽实行“红、黄、蓝、白”等颜色，以便对工种进行区分。

3）加强安全防护，设置醒目的安全标志。

4）管理人员、作业人员均佩戴胸卡，明确作业工种、技术岗位。外来人员进入施工场地经门卫询查登记，并按规范佩戴后方能进入施工现场。

5）现场各材料堆放点设置材料标识牌，标明材料品名、进场日期、使用部位、数量、规格和送检状态等。

6）脚手架按规范验收挂牌，标明合格标志、脚手架负责人、验收人员姓名。防护通道设置安全警示标志。

（3）作业条件环境保护　工程施工过程中存在众多的环境污染问题，尤其是噪声、粉尘及废水等周围环境对施工作业人员的职业安全健康造成直接影响。对施工过程中存在的环境因素进行调查整理，并按照要求识别，对重要环境因素、污染源制定管理方案，控制并降低污染程度。具体做法如下：

1）搭设工作防护棚。地面固定作业机械均按照规定设置防护棚，工作棚由钢管搭设，满足采光、通风、安全、防砸等实用要求。

2）防止噪声污染。尽量减少人为的大声喧哗，增强全体施工人员防止噪声扰民的自觉意识。合理规划作业时间，尽量安排白天作业。

3）防止空气污染。施工垃圾及时清运，清运时适当洒水减少扬尘并及时覆盖；楼层建筑垃圾运到地面，严禁随意凌空抛洒造成扬尘。施工现场地坪硬化，道路两侧土地满铺碎石并夯实，不定时洒水清扫，防止道路扬尘。严格动火审批，严禁违章明火作业，动火作业时控制烟尘排放量。

4）防止水污染。施工道路路边设置排水沟，确保施工场地排水畅通。门口设置三级沉淀池及洗车槽，车辆进出场地要清洗干净。食堂污水进行排放控制。现场存放各种油料应进行防渗漏处理。

5）作业工人职业健康保护。水泥运输和装载，施工人员作业时戴好防护口罩，减少粉尘对作业人员健康的伤害；施焊时，焊接人员应配备防护眼镜、面罩及防护服，防止烧伤、眩光烧伤眼睛。

（4）生活区域设置

1）生活区域严格按照文明施工的规划进行布置，生活区域场地全部地坪硬化，工人宿舍为三层彩钢板活动房，呈长方形布置，实行封闭管理。

2）宿舍全部采用整洁美观的彩钢板活动房，配置保温隔热、照明等设施，床铺采用标准双层单人床，房内留有充足的生活空间，制定宿舍管理制度，定期开展文明宿舍评选活动。

3）住宿人员自觉爱护临时设施物件，自觉维护公共卫生。

4）职工食堂设置排水沟、隔油池、沉淀池，确保室内干燥不积水。食堂油污经处理后排入市政管道。建立食品留样制度，做好记录，防止食物中毒。墙上整齐张挂卫生管理制度、食品卫生法、卫生许可证书。食堂职工持证上岗，整齐穿戴白色工作服。

5）在施工现场设置齐全的职工生活设施，配置食堂、宿舍、厕所、浴室、茶水箱，并符合卫生、通风、采光等要求，确保供应符合卫生要求。

6. 事故应急预案

（1）事故应急预案编制原则

1）应急预案的编制与安全生产保证计划同步进行。

2）落实组织机构，统一指挥，职责明确。预案中应当落实组织机构、人员和职责，强调统一指挥，明确施工单位和其他有关单位的组织、分工、配合、协调。

3）重点突出，有针对性。结合本施工单位或本项目的安全生产实际情况，确定易发生事故的部位，分析可能导致发生事故的原因，有针对性地制定应急救援预案。

4）程序简单，具有可操作性。保证突发事故发生时，应急救援预案能及时启动，并紧张有序地实施。

（2）事故应急预案的内容

1）应急救援组织机构、职责和人员的安排，应急救援器材、设备的准备和平时的维护保养。

2）在作业场所发生事故时，如何组织抢救，保护事故现场的安排，主要为明确如何抢救，使用什么器材、设备。

3）建立应急救援报警机制，包括应急救援的上报报警机制、内部报警机制、外部报警机制，形成自下而上、由内到外的有序网络应急救援报警机制。

4）建立施工现场应急救援的安全通道体系。应急救援预案中，必须依据施工总平面图布置、建筑物的施工内容以及施工特点，确立应急救援状态时的安全通道体系，包括垂直、水平、场外连接的通道，并准备好多通道体系设计方案，以解决事故现场发生变化带来的问题，确保应急救援安全通道有效地投入使用。

5）工作场所内全体人员疏散的要求。

6）建立交通管制机制，由事故现场警戒和交通管制两部分构成。事故发生后，对场区周边必须警戒隔离，并及时通知交警部门，对事故发生地的周边道路实施有效的管制，为救援工作提供畅通的道路。

7）医疗救护以城市中心医院为主，同时施工驻地配备医护人员，并配备急救箱。

(3)事故应急预案的要求

1)在危险源、环境因素识别、评价和控制策划时，事先确定可能发生的事故或紧急情况，如火灾、爆炸、触电、高处坠落、物体打击、坍塌、中毒、特殊气候影响等。

2)制定应急救援预案及其内容。

3)准备充分数量的应急救援物资。

4)定期按应急救援预案进行演练。

5)演练事故、紧急情况发生后，对相应的应急救援预案的适用性和充分性进行评价，找出存在的不足和问题，并进一步修订完善。

6)为了吸取教训，防止事故重复发生，一旦出现事故，项目经理部除按法律法规要求配合事故调查、分析外，还要主动分析事故原因，制定并实施纠正措施或预防措施。

8.2 装备的安全使用

8.2.1 机械安全使用

机械设备实力强弱、性能的优劣及完好性、合理性都是影响建筑工程施工过程的重要因素。在施工过程中，要确保机械设备的安全运转，确保工作人员按照一定的使用规范来对设备进行操作，才能保证现场安全。应加强施工现场机械设备的安全管理，确保机械设备的安全运行和职工的人身安全。

起重设备防强台风措施及注意事项：

1)塔机必须有完好的接地设施，接地电阻不得大于4Ω。遇有雷雨，严禁人员在塔机附近走动。

2)如遇六级以上大风时，不得进行吊运安装工作；遇四级以下大风时，塔机不得顶升加节，并应紧固连接螺栓；遇有雷雨，一律停止工作。

3)塔机遇台风在停止使用期间，不仅吊机的主开关要切断，而且电源开头也要切断。

4)如遇台风在塔机停止使用期间，操纵室、机械室的门应全部关好。

5)大雨时所有室内的电器装置均要盖好，防止雨水渗入。

6)在台风期间，为了减轻吊臂的风荷载，防止倾覆、变形等，要打开回转刹车，吊臂以风力的作用可自由转动(吊臂转动时，要确保在回转范围内没有可能接触的建筑物和障碍等)。

7)禁止塔机开到距离轨道终端3m以内的地段。

8)塔机必须在轨道上紧固夹轨器，上旋转水平臂及折臂式平衡移动至近塔身中心的规定位置，起重吊钩也必须放至臂架头部规定的部位，臂架位置应顺着风向，以减轻塔身不平衡力矩的影响。下旋式塔机，动臂式塔机要求将起重臂放下，机身配用撑头撑牢。

9)如遇台风警报风力达8级以上，塔身四角须加缆风绳固定塔身，以防倾倒。

10)塔机基础周围必须设置临时排水系统以及水泵等设备，以保证地基不浸水。

8.2.2 现场料具管理

1. 施工现场材料管理规定

1)根据国家和上级颁发的有关政策、规定、办法，制定物资管理制度与实施细则。

2)根据施工组织设计，做好材料的供应计划，保证施工需要及生产正常运行。

3)减少周转层次，简化供需手续，随时调整库存，提高流动资金的周转次数。

4)填报材料、设备统计报表，贯彻执行材料消耗定额和储备定额。

5)根据施工预算，材料部门要编制单位工程材料计划，报材料主管负责人审批后，作为物料器材加工、采购、供应的依据。

6)月度材料计划，根据工程进度、现场条件要求，由各工长参加，材料员汇总出用料计划，交有关部门负责人审批后执行。

2. 材料入库验收制度

1)物资入库，保管员要亲自同交货人办理交接手续，核对清点物资名称、数量是否一致。

2）物资入库，应先入待验区，未经检验合格不准进入货位，更不准投入使用。

3）核对证件，入库物在进行验收前，首先要对供货单位提供的质量证明书或合格证、装箱单、发货明细表等进行核对，看是否同合同相符。

4）数量验收，数量验收要在物资入库时一次进行，应当采取与供货单位统一后的计量方法进行验收，以实际验收的数量为实收数。

5）质量检验，一般只做外观形状和外观质量检验的物资，可由保管员或验收员自行检查，验收后做好记录。

6）对验收中发现的问题，如证件不齐全，数量、规格不符，质量不合格，包装不符合要求等，应及时报有关部门，按有关法律、法规的规定及时处理，保管员不得自作主张。

7）物资经过验收合格后，应及时办理入库手续，进行登账、建档工作，以便准确地反映库存物资动态。在保管账上要列出金额，保管员要随时掌握储存金额状况。

8）物资经过复核后，如果是用户自提，即将物资和证件全部向提货人当面点交，物资点交手续办完后，该项物资的保管阶段基本完成，保管员即应做好清理善后工作。

3. 施工现场材料发放制度

1）领取或借用材料器具必须经过出料登记并履行签字手续后，方可领取。

2）仓管员负责及时发放劳保防护用品，领取数量需经安全员签字核实后，方可发放。

3）器材收回后必须经过验收，若发现有损坏现象，应根据损坏程度的轻重和器材单价，给予适当的赔偿。

4）仓管员必须坚守岗位，设置防火防盗设施，禁止在仓库内吸烟、聚会娱乐，同时搞好仓库卫生，勤清扫，保持货架及材料的清洁。

4. 施工现场领料制度

1）各施工队领料时必须有计划领取，按计划分期、分批领取。

2）各施工队队长亲自到办公室经主管同意并签字后领取。

3）施工队长可委派一名材料保管员负责领取本队计划内料具，并报办公室审批后方可执行。

4）领料具时必须填写领料单据并签字，多余材料填写退料单，经保管员签字后退回。

5. 施工现场材料使用制度

1）施工材料的发放应严格按照材料消耗定额管理，采取分步、分项包干等管理手段降低材料消耗。

2）水泥库内外散落灰及时清理。搅拌机四周、拌料处及施工现场内无废弃砂浆、混凝土，运输道路和操作面落地灰及时清运，做到“活完脚下清”。砂浆、混凝土倒运时要采取防洒落措施。

3）砖、砂、石和其他材料应随用随清，不留底料。

4）施工现场要有用料计划，按计划用料，使现场材料不积压，对剩余材料及时书面报告公司物资部予以调剂，以减少积压浪费，减少资金占用，加速资金周转。钢材、木材等原材料下料要合理，做到优材优用。

5）施工现场施工垃圾分拣站标识明显，及时分拣、回收、利用、清运。垃圾清运手续齐全，按指定地点消纳。

6）施工现场必须节约用水用电，杜绝长明灯和长流水。

6. 施工现场周转材料管理制度

1）周转材料进场后，现场材料保管员要与工程劳务分包单位共同按进料单进行点验。

2）周转材料的使用一律实行指标承包管理，项目经理部与使用单位签订指标承包合同，明确责任，实行节约奖励，丢失按原价赔偿，损失按损失价值赔偿，赔偿费用从劳务费中扣除。

3）项目经理部设专人负责现场周转材料的使用和管理，对使用过程进行监督。

4）严禁在模板上任意打孔；严禁任意切割架子管；严禁在周转材料上焊接其他材料；严禁从高处向下抛物；严禁将周转材料垫路和挪作他用。

5）周转材料停止使用时，立即组织退场，清点数量；对损坏、丢失的周转材料应与租赁公司共同核对确认。

6）负责现场管理的材料人员应监督施工人员对施工垃圾的分拣，对外运的施工垃圾应进行检查，避免材料丢失。

7）存放、堆放要规范，各种周转材料都要分类按规范堆码整齐，符合现场管理要求。

8）维护保养要得当，应随拆、随整、随保养，大模板、支撑料具、组合模板及配件要及时清理、整修、刷油。组合钢模板现场只负责板面水泥清理和整平，不得随意焊接。

7. 施工现场危险品保管制度

1）对于贵重物品、易燃易爆和有毒物品，如油漆、稀料、杀菌药品、氧气瓶等，应根据材料性能采取必要的防雨、防潮、防爆措施，及时入库，专人管理，加设明显标志，严格执行领退料手续。

2）危险品的领取应由工长亲自签字领取，用多少领多少，用不完的及时归还库房。

3）使用危险物品必须注意安全，采取必要的安全防护措施。

4）使用者必须具有一定的使用操作知识及安全生产知识。

8. 施工现场成品、半成品保护制度

1）进场的建筑材料成品、半成品必须严加保护，不得损坏。

2）楼板、过梁、混凝土构件必须按规定码放整齐，严禁乱堆乱放。

3）过梁、阳台板等小型构件要分规格码放整齐，严禁乱堆乱放。

4）钢筋要分型号、分规格隔潮、防雨码放。

5）木材分类、分规格码放整齐，加工好的成品应有专人保管。

6）各种电气器件保护存放，不得损坏。

7）水泥必须入库保存，要有防潮、防雨措施。

8）钢门窗各种成品铁件，应做好防雨、防撞、防挤压保护。

9）铝合金成品应进行特殊保护处理。

8.2.3 临时设施安全管理

施工现场临时设施是指施工企业为保证施工和管理的进行而建造的各种简易设施，包括：

① 施工用地范围内施工、生活用各种道路、围墙。

② 项目行政管理用房、宿舍、文化生活福利建筑或用房，包括临时生活办公区、生活区内的办公室、会议室、娱乐室、医疗室、宿舍、食堂、厕所、化粪池、生活垃圾站、料具库、门卫室等。

③ 临时施工区内的水泥库、简易料库、作业棚、试验室、拌合站、吸烟室、厕所、化粪池、生产垃圾站、门卫室等。

④ 各种材料加工场及机械操作棚等。

⑤ 各种建筑材料、半成品、构件的仓库和设备堆场、取土弃土位置。

⑥ 施工或生活用水源、电源、变压器，临时给水排水、供电、动力、供暖、通风管线等设施。

⑦ 为保证文明施工、现场安全、消防和环境保护所建设的必要的其他临时性设施。

1. 临时设施的使用及管理

1）项目部对现场每个临时设施要设专人负责日常维护、保养，并加强对使用人员的科学使用及自觉爱护临时设施的教育，保证临时设施安全、有效、合理的使用。

2）临时房屋使用维护实行谁使用、谁管理的制度。临建办公室、宿舍管理维护包括：

① 防盗设施（门窗的完好性、防盗性能）。

② 防风设施（防风缆绳的完好性，特别是二层装配式活动板房）。

③ 防雨设施（屋面防雨层的完好性）。

④ 用电线路的完好性，确保用电安全。

⑤ 消防设施的完好性。

⑥ 环境卫生（临建办公室、宿舍每天安排值日打扫卫生，确保环境卫生符合标准要求）。

⑦ 冬季施工现场宿舍一律不得使用明火、碘钨灯及其他大功率电器取暖。

⑧ 临建厕所必须设专人管理，及时冲刷清理、喷洒药物消毒、消灭蚊蝇。

⑨ 临时道路上不得随意堆放各种物质，不得无故设置障碍，不得无故切断路面而影响施工现场工作。

⑩ 自有职工及外包施工队人员的家属均不允许住在生活区内。

3）必须经常性地对临时设施进行维修。

2. 临时设施检查

1）项目部安全员每月对现场临时设施进行检查，检查设施使用维护保养情况、安全隐患情况，发现问题及时纠正，确保临时设施的安全使用。

2）项目部安全员经常检查临时供电设施的完好性，确保供电设施正常使用。施工现场临时用电，具体执行《施工现场临时用电安全技术规范》(JGJ 46—2005）。

3）项目部安全员每月检查临时供水设施的完好性，确保供水管线正常使用。施工现场供水设施未经项目部管理人员同意不准随意接出支管，在保证施工用水、生活用水的前提下节约用水。

4）项目部安全员每月检查临建围墙、大门、施工标识牌的完好性。

5）加强现场临建的安全、防盗管理，严防各种设施的损坏和丢失。项目部安全员在检查中发现安全隐患，及时下发整改通知书，责成专人限期整改。

6）安全部每月对项目部现场临建设施进行检查，内容含：项目部临时设施是否符合安全使用要求、日常维护管理情况等。如不符合要求，责成项目部限期整改。

8.3 安全警示教育

我国建筑行业在迅速发展的同时，建筑安全事故的发生几率也呈现出逐渐上升的趋势。需要分析施工事故发生原因并定期开展安全警示教育，熟悉施工现场安全警示标志，提高施工人员的安全防范意识。

8.3.1 事故原因分析

1. 事故直接原因分析

国家标准《企业职工伤亡事故调查分析规则》中规定，属于下列情况者为直接原因：

（1）机械、物质或环境的不安全状态

1）防护、保险、信号等装置缺乏或有缺陷

① 无防护。包括：无防护罩；无安全保险装置；无报警装置；无安全标志；无护栏或护栏损坏；(电气）未接地；绝缘不良等。

② 防护不当。包括：防护罩未在适当位置；防护装置调整不当；隧道开凿支撑不当；防爆装置不当；电气装置带电部分裸露等。

2）设备、设施、工具、附件有缺陷

① 设计不当，结构不符合安全要求。包括：制动装置有缺陷；安全间距不够等。

② 强度不够。包括：绝缘强度不够；起吊重物的绳索不符合安全要求等。

③ 设备在非正常状态下运行。包括：设备带“病”运转、超负荷运转等。

④ 维修、调整不良。包括：设备失修；地面不平；保养不当；设备失灵等。

3）个人防护用品用具：手套、安全带、安全帽、安全鞋等缺少或有缺陷，不符合安全要求。

4）生产（施工）场地环境不良

① 照明光线不良。包括：照度不足、作业场地烟尘弥漫视物不清、光线过强。

② 通风不良。包括：无通风、通风系统效率低、风流短路、停电停风时放炮作业、瓦斯排放未达到安全浓度即进行放炮作业、瓦斯超限等。

③ 作业场所狭窄杂乱。包括：工具、制品、材料堆放不安全等。

④ 交通线路的配置不安全。

⑤ 操作工序设计或配置不安全。

（2）人的不安全行为

1）操作错误，忽视安全，忽视警告。

① 未经许可开动、关停、移动机器。

② 开动、关停机器时未给信号。

③ 开关未锁紧，造成意外转动、通电或泄漏等。

④ 忽视警告标志、警告信号。

⑤ 操作错误（指按钮、阀门、扳手、把柄等的操作）。

⑥ 机械超速运转。

⑦ 违章驾驶机动车。

⑧ 酒后作业。

2）安全装置失效

① 拆除了安全装置。

② 安全装置堵塞，失去了作用。

③ 调整错误造成安全装置失效。

3）使用不安全设备

① 临时使用不牢固的设施。

② 使用无安全装置的设备。

4）在起吊物下作业、停留。

5）机器运转时进行加油、修理、检查、调整、焊接、清扫等工作。

6）在必须使用个人防护用品、用具的作业或场合，忽视其使用。

① 未戴防护手套、安全帽、安全带。

② 未穿安全鞋。

2. 事故间接原因分析

《企业职工伤亡事故调查分析规则》中规定，属于以下情况的为间接原因：

1）技术和设计上有缺陷：机械设备、仪器仪表、工艺过程、操作方法、维修检验等的设计、施工和材料使用存在问题。

2）教育培训不够，未经培训，缺乏或不懂安全操作技术知识。

3）劳动组织不合理。

4）对现场工作缺乏检查或指导错误。

5）没有安全操作规程或制度不健全。

6）没有或不认真实施事故防范措施；对事故隐患整改不力。

8.3.2 施工现场安全警示标志设置

1. 安全警示标志的含义

1）安全警示标志包括安全色和安全标志。

2）安全色是指传递安全信息含义的颜色，包括红色、蓝色、黄色和绿色。对比色是使安全色更加醒目的反衬色，包括黑、白两种颜色。

为了使人们对周围存在的不安全因素环境、设备引起注意，需要涂以醒目的安全色，提高人们对不安全因素的警惕。统一使用安全色，能使人们在紧急情况下，识别危险部位，尽快采取措施，有助于防止发生事故。但安全色的使用不能代替安全操作规程和保护措施。安全色的含义及使用实例见表 8-1。

3）安全标志的分类：禁止标志、警告标志、指令标志和提示标志。

① 禁止标志的基本形式是带斜杠的圆边框。

② 警告标志的基本形式是正三角形边框。

③ 指令标志的基本形式是圆形边框。

④ 提示标志的基本形式是正方形边框。

表 8-1 安全色的含义及使用实例

颜色	含义	使用实例
红色	表示禁止、停止、消防和危险的意思，凡是禁止、停止和危险的器件设备或环境，应涂以红色	1）禁止标志； 2）交通警示标志； 3）消防设备； 4）停止按钮和停车刹车装置的操纵把手； 5）仪表刻度盘上的极限位置刻度； 6）机器转动部件的裸露部分（飞轮、齿轮、皮带轮等）
黄色	表示注意、警告的意思，凡是警告人们注意的器件、设备或环境，应涂以黄色	1）警告标志； 2）交通警告标志； 3）道路交通路面标志； 4）皮带轮及其护罩内壁； 5）砂轮机的内壁； 6）楼梯的第一级和最后一级的踏步前沿； 7）防护栏杆； 8）警告信号旗
蓝色	表示指令，必须遵守的规定	1）指令标志； 2）交通指示标志
绿色	表示通行、安全和提供信息的意思。凡是在可以通行或安全的情况下，应涂以绿色	1）表示通行； 2）机器启动按钮； 3）安全信号旗
红色与白色相间隔的条纹	表示停止通行、禁止跨越的意思，比单独使用红色更为醒目	1）用于公路、交通等方面所用的防护栏杆； 2）用于公路、交通等方面所用的隔断带
黄色与黑色相间隔的条纹	表示特别注意的意思。两色宽度一般为100mm，斜度一般与水平面成45°角	1）流动式起重机的排障器、外伸支腿、回转平台的后部、起重臂端部、起重吊端和配重； 2）动滑轮组侧板； 3）塔机的起重臂端部，起重吊物及配重； 4）门式起重机架下端； 5）平板拖车的排障器及侧面栏杆； 6）坑口防护栏杆； 7）剪板机的压紧装置； 8）冲床的滑块； 9）压铸机上的动型板； 10）圆盘送料机的圆盘
蓝色与白色相间隔的条纹	表示指示方向	用于指示性导向标
白色（对比色）	标志中的文字、图形、符号和背景色以及安全通道、交通上的标线用白色	1）安全标志中的图形和文字； 2）安全通道两侧的标示线； 3）铁路站台上的安全线
黑色（对比色）	警示、警告和公共信息标志中的文字、图形、符号用黑色	1）警告标志中的图形和文字； 2）公共信息标志

2. 设置场所

1）管道施工时在土方开挖的洞口四周设置警戒线，并设置警戒标示牌，晚间挂警示灯，施工地点在道路上时，应根据交通法规在距离施工地点一定距离的地方设置警示标志，或派人进行交通疏导。

2）场地施工时在施工现场入口处、脚手架、出入通道口、楼梯口、孔洞口、桥梁口、隧道口、基坑边沿设置安全警示标志。

3）在高压线路、高压电线杆、高压设备、雷击高危区、爆破物及有害危险气体和液体存放处等危险部位，设置明显的安全警示标志。

4）其他应设置安全标志的场所。

3. 设置原则

1）现场人员密集的公共场所的紧急出口、疏散通道处、层间异位的楼梯间，必须设置相应的“安全通道”标志。在远离安全通道的地方，应将“安全通道”标志的指示箭头指向通往紧急出口的方向。

2）在道路或其他非施工人员经常路过的地方施工时，应当依照相关交通法规设置恰当的安全警示标识，建筑中的临边洞口等应按《高处作业安全技术规范》要求设置。

3）施工现场布置应合理，根据施工安全平面布置图所标识的部位挂贴统一规定的安全警示标志，对施工现场有较大危险因素的场所增添统一的安全警示标志。

4）临时用电的标准设置应符合用电有关的规范及标准。

5）所有机械的标志设置应符合机械相关的规定。

6）安全警示标志必须符合国家标准《安全标志及其使用导则》（GB 2894—2008）、《安全色》（GB 2893—2008）的要求。

4. 施工现场安全警示牌

1）禁止类：用符号或文字描述来表示一种强制性命令，以禁止某种行为。

2）警告类：通过符号或文字来指示危险，表示必须小心行事，或用来描述危险性。

3）指令标志（强制性行动标志）：用于表示须履行某种行为的命令以及需要采取的预防措施。

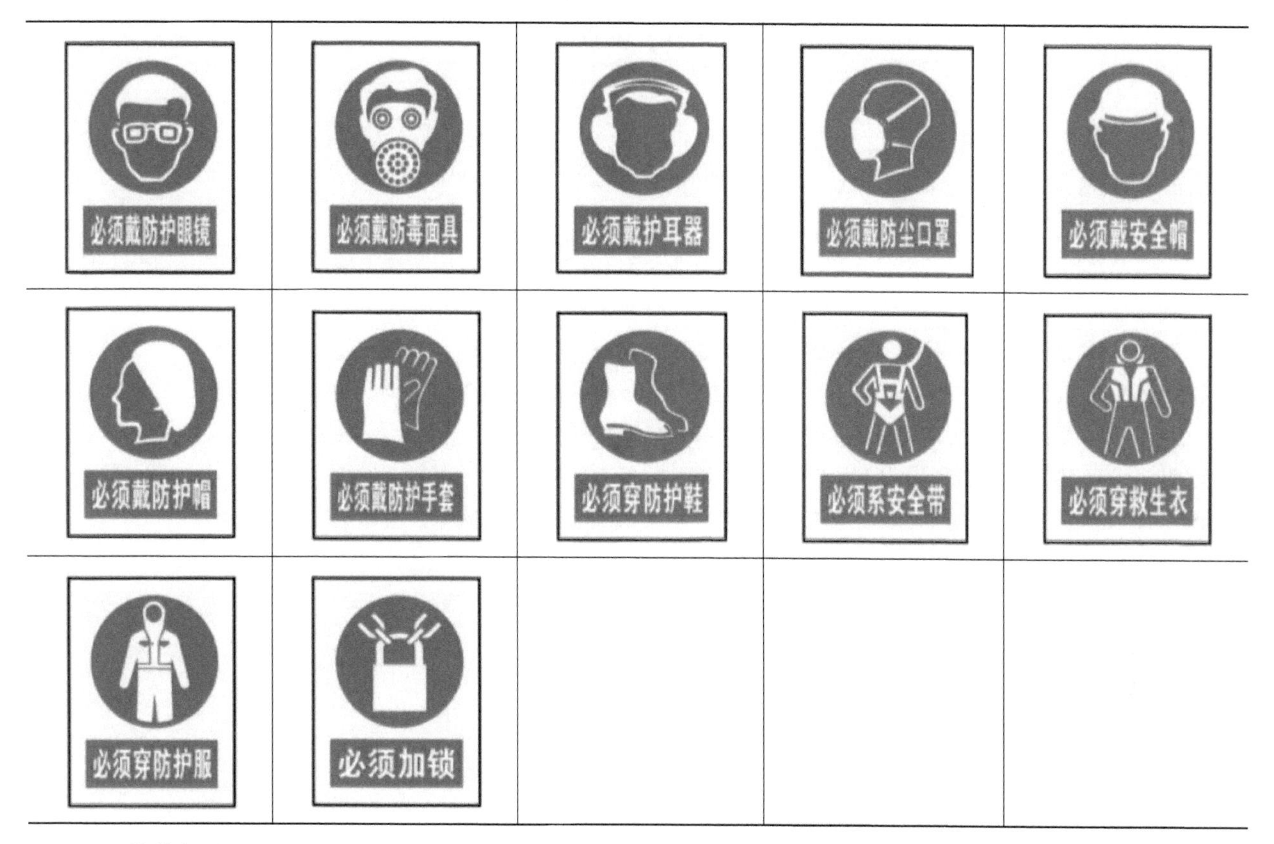

4）其他标志

① 安全指示标志：用来指示安全设施和安全服务所在位置，并且给出与安全措施相关的主要说明和建议。

② 方向标志：用于指明正常和紧急出口、火灾逃逸和安全设施、安全服务及卫生间的方向。

紧急出口 a	紧急出口 b	可动火区	避险处

参考文献

[1] 中国建筑标准设计研究院 . 装配式混凝土建筑技术标准：GB/T 51231—2016 [S]. 北京：中国建筑工业出版社，2017.

[2] 住房和城乡建设部科技与产业化发展中心 . 装配式建筑评价标准：GB/T 51129—2017 [S]. 北京：中国建筑工业出版社，2017.

[3] 中国建筑标准设计研究院 . 装配式混凝土结构表示方法及示例（剪力墙结构）：15G107—1[S]. 北京：中国计划出版社，2015.

[4] 中国建筑标准设计研究院 . 预制混凝土剪力墙外墙板：15G365—1[S]. 北京：中国计划出版社，2015.

[5] 中国建筑标准设计研究院 . 预制混凝土剪力墙内墙板：15G365—2[S]. 北京：中国计划出版社，2015.

[6] 中国建筑标准设计研究院 . 预制钢筋混凝土板式楼梯：15G367—1[S]. 北京：中国计划出版社，2015.

[7] 吴耀清，鲁万卿 . 装配式混凝土预制构件制作与运输 [M]. 郑州：黄河水利出版社，2017.

[8] 张金树，王春长 . 装配式建筑混凝土预制构件生产与管理 [M]. 北京：中国建筑工业出版社，2017.